AF479824

Carlos Gutiérrez A.

Si quieres experimentar... ...en casa puedes empezar

con luz

SELECTOR
actualidad editorial

SELECTOR
actualidad editorial
**Doctor Erazo 120 Colonia Doctores México 06720, D.F.
Tel. 55 88 72 72 Fax. 57 61 57 16**

SI QUIERES EXPERIMENTAR... EN CASA PUEDES EMPEZAR/
CON LUZ

Ilustración de interiores: Blanca Macedo
Diseño de portada: Mónica Jácome

Copyright © 2003, Selector S.A. de C.V.
Derechos de edición reservados para el mundo

ISBN: 970-643-553-0

Primera reimpresión. Marzo de 2004

Sistema de clasificación Melvil Dewey

535
G983
2003

Gutiérrez, Carlos., 1949-
Si quieres experimentar... en casa puedes empezar/ con luz/ Carlos Gutiérrez.--
Cd. De México, México: Selector, 2003.
160 p.
ISBN: 970-643-553-0
1. Ciencia. 2. Física. 3. La luz. I. T. II. Ser.

Contenido

Introducción

Estamos acostumbrados a la existencia de la luz. Pero, si ésta dejará de existir, la vida en nuestro planeta desaparecería. Hay que recordar que las plantas verdes necesitan de la luz solar y que el hombre y muchos animales dependen de las plantas para vivir.

Desde siempre el ser humano ha sido atraído por fenómenos luminoso como los eclipses y el arco iris. También ha buscado entenderlos y utilizarlos.

Nuestros ojos y la luz nos han permitido apreciar la belleza de todo lo que nos rodea.

Este libro a través de experimentos y juegos tiene la intención de que los niños y jóvenes descubran características de la luz y de la visión.

Las actividades que se proponen en el libro te permitirán comprender cómo funciona el ojo, por qué la reflexión de la luz en una hoja blanca es diferente a la que se realiza en un espejo.

Con este libro se espera que los niños y jóvenes amplíen su cultura científica que les permita respetar y comprender mejor su entorno.

La luz

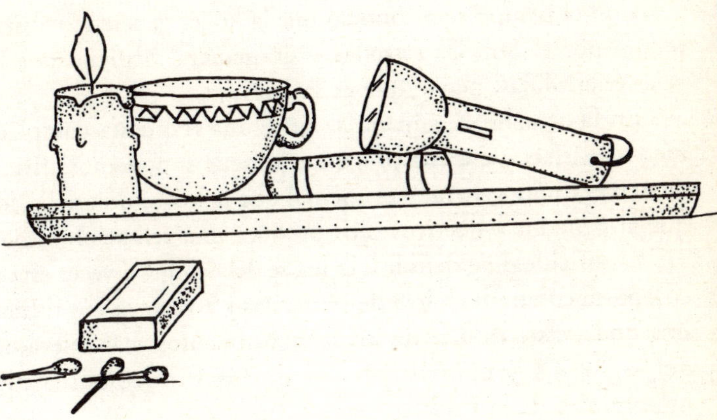

¿Qué es la luz?

La luz permite a la mayoría de las personas darnos cuenta de cómo es el mundo que habitamos y cómo somos.

La luz siempre ha interesado al ser humano y su conocimiento siempre ha tenido diversas interpretaciones a lo largo de la historia.

En épocas antiguas se pensaba que la luz emanaba de los ojos, que ante la presencia del Sol o una lámpara podía llegar a los objetos y así conocerlos.

Con el tiempo se reconoció que la luz es generada naturalmente por el Sol, las estrellas y de manera artificial por las velas encendidas, pero, ¿qué es la luz?

En la actualidad, aún no se tiene una respuesta completamente satisfactoria a esta pregunta, aunque sí podemos afirmar de manera muy general y elemental que la luz es una radiación que al penetrar a nuestros ojos produce una sensación visual.

La dificultad de definir a la luz se debe a que a veces ésta se comporta como un chorro de partículas y a veces como si fuera una onda. Éste es uno de los descubrimientos más relevantes del siglo XX y constituye uno de los fundamentos más importantes de la física contemporánea.

Si quieres saber cuál de los siguientes científicos afirmaba que la luz era una onda encuentra la salida del laberinto.

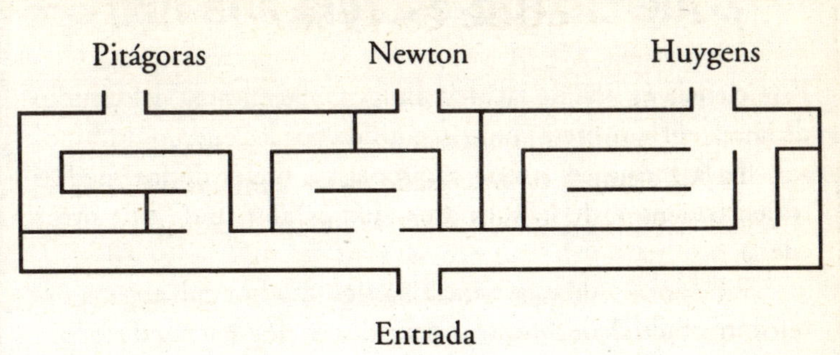

El científico que afirmaba que la luz se comporta como una onda es: _______________.

> Todos sabemos qué es la luz, pero no es fácil decir lo que es.
> (La vida de Samuel Jonson, 1791)
> J. BOSWELL.

¿Qué ciencia estudia a la luz?

Esta ciencia es una de las más antiguas. Se encarga del estudio de la luz, de la manera como es emitida por los cuerpos luminosos, de la forma en la que se propaga a través de los medios transparentes y de la forma en que es absorbida por otros cuerpos.

El desarrollo de esta ciencia ha significado también una extensión gradual de nuestros sentidos y nos ha conducido a explorar nuevos mundos, inaccesibles a simple vista.

Si quieres conocer el nombre de esta ciencia coloca en los espacios en blanco de acuerdo con la clave, las letras que corresponden a los números.

Se trata de la $\underline{}\ \underline{}\ \underline{}\ \underline{}\ \underline{}\ \underline{}$.
4 5 6 2 3 1

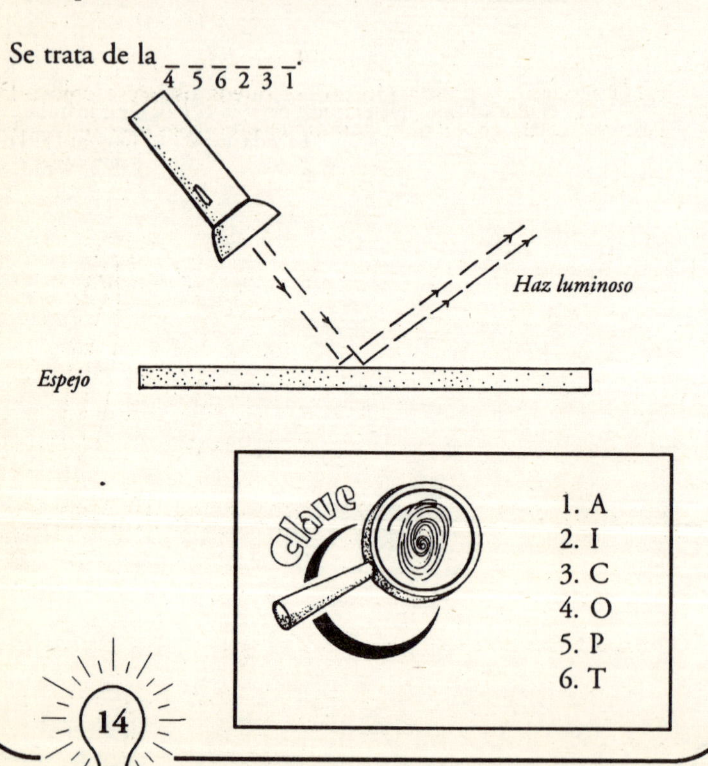

¿Se puede ver la luz?

En esta actividad reconocerás en qué condiciones la luz no se puede ver.

Qué necesitas
- Una lámpara sorda
- Un borrador
- Gis
- Cartulina negra
- Una habitación que se pueda oscurecer
- Una mesa

Qué hacer
- En la mesa de la habitación que se pueda oscurece coloca la lámpara sorda en su borde como se muestra en la figura A.

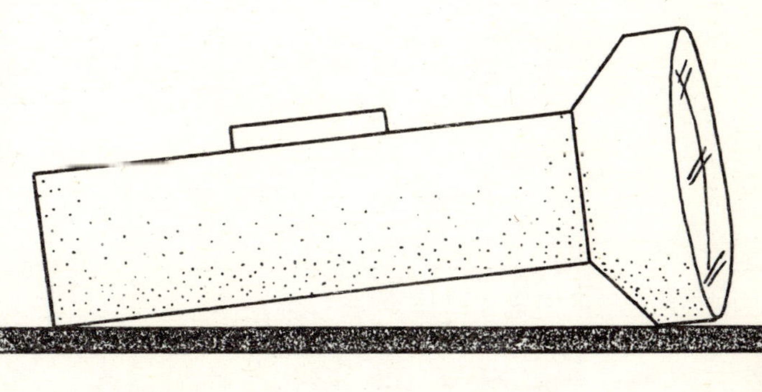

Figura A. Coloca la lámpara en el borde de la mesa.

- Enciende la lámpara o cúbrela con la cortina negra de manera que no la puedas ver, pero sin obstruir la luz que emite la lámpara.
- Apaga la luz y deja encendida la lámpara. ¿Puedes observar la región iluminada por la lámpara? ¿Puedes ver la luz entre la lámpara y el muro?
- Si ahora tu amigo golpea el borrador previamente frotado con el gis, ¿qué observas entre la lámpara y el muro?, ¿a qué crees que se deba?

Qué sucedió

Podemos ver la luz de una fuente luminosa o de un objeto iluminado cuando ésta incide directamente en nuestro ojos. Pero, cuando la luz no es dirigida hacia nuestra vista aunque esté viajando enfrente de nosotros no podemos verla.

Si la habitación está libre de polvo no podemos ver la luz de la lámpara. Sin embargo, cuando se coloca el polvo de gis, el haz luminoso se hace visible, porque las partículas del gis la dispersan en todas direcciones.

¿Viaja la luz en línea recta?

En esta actividad verificarás que la luz se propaga en línea recta.

Qué necesitas

- Tres cuadrados de cartón de 20 cm de lado
- Dos barras de plastilina
- Unas tijeras o un cuter
- Una regla
- Una vela
- Un portavela

Qué hacer

- Dibuja un cuadrado de 2.0 centímetros de lado en cada cuadrado de cartón (figura A) y recórtalo.

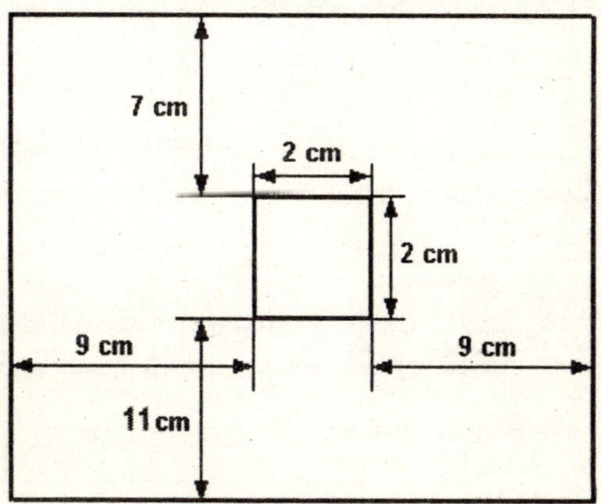

Figura A. Cuadrado de cartón.

- Con la plastilina, fija en la cubierta de la mesa los cuadrados de cartón en posición vertical cada 10 cm entre sí. Pasa la aguja de tejer por los cuadrados de manera que queden alineados (figura B).

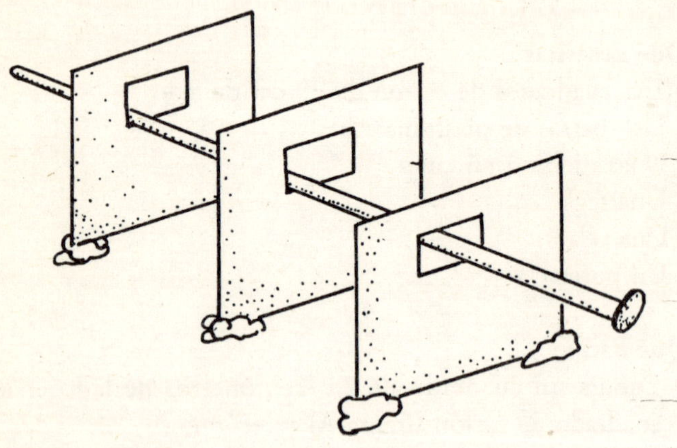

Figura B. Las ventanas están alineadas

- Pide a un amigo que coloque con cuidado la vela encendida en su base, de manera que la puedas observar por las ventanas desde el lado contrario.

- Ahora desplaza el cuadrado de en medio, de manera que la vela no se pueda ver del lado contrario como se ilustra en la figura C.

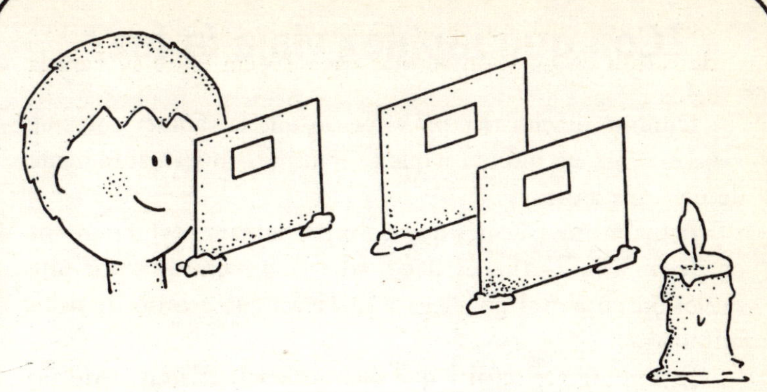

Figura C. Al desviarse uno de los cartones, ¿se observa la vela?

Qué sucedió

Cuando están alineadas las ventanas de los cartones, sí es posible ver la vela, pero cuando uno de los cartones se desvía, la vela deja de verse, debido a que la luz viaja en línea recta.

¿Con qué rapidez viaja la luz?

Durante mucho tiempo se pensó que la rapidez con que viajaba la luz era infinita y que se transmitía instantáneamente de un lugar a otro.

Actualmente sabemos que la luz del Sol tarda ocho minutos en llegar a la Tierra, es decir, que la luz emitida por una explosión en el Sol nos llega a la Tierra con retraso de ocho minutos.

Es importante señalar que dicho tiempo es muy pequeño si consideramos la enorme distancia a la que nos encontramos del Sol.

Si quieres saber cuántos kilómetros en el vacío recorre la luz en un segundo, identifica la figura que no se repite y el número que aparece en ella; escríbelo en el espacio en blanco.

La luz viaja en el vacío con una rapidez de _____________ kilómetros en un segundo.

La luz alcanza su máxima rapidez en el vacío, en cualquier otro medio viaja más lentamente. Por ejemplo, en el agua viaja a 225 000 kilómetros por segundo y en el vidrio viaja a 201 000 kilómetros por segundo.

¿Qué cuerpos son fuentes de luz?

En este experimento diferenciarás los cuerpos que son fuentes de luz primaria de aquellos cuerpos que no lo son.

Qué necesitas

- Una lámpara
- Una taza
- Una vela
- Una caja de cerillos
- Un encendedor
- Un libro
- Una habitación que se pueda oscurecer completamente
- Charola metálica
- Un adulto, si eres pequeño

Qué hacer

- En la habitación coloca la charola en el piso y en ella los objetos solicitados.
- Siéntate junto a la charola y pide que apaguen la luz para que quede oscura la habitación. ¿Los objetos en la charola iluminarán el cuarto?
- Pide que "prendan" el foco, enciende la lámpara y solicita que ahora apaguen el foco de la habitación, ¿qué observas?
- Repite esto mismo, pero ahora en lugar de prender la lámpara enciende la vela.

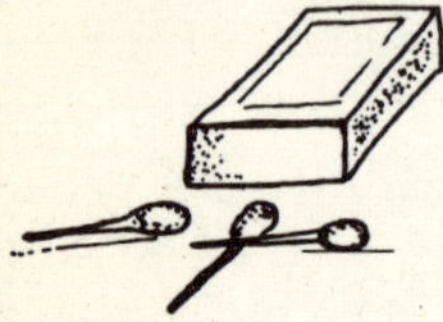

Algunos de los objetos se pueden convertir en fuentes luminosas primarias. La charola metálica debe alejarse de objetos que puedan quemarse fácilmente.

Qué sucedió

Al oscurecerse la habitación se dejaron de ver los objetos en la charola, pero cuando se encendió la lámpara y se prendió la vela, el cuarto se iluminó, a pesar de que el foco estuviera apagado.

El hecho de que se hubiera iluminado la habitación se debió a que la lámpara encendida y la vela prendida son objetos que pueden emitir luz por sí mismos, es decir, son fuentes primarias de luz.

Esta emisión de luz es resultado de un fenómeno químico o físico. En el caso de la vela, la combustión produce la luz, y en lo que toca a la lámpara, la incandescencia del filamento del foco es la que la origina. El Sol es también una fuente de luz primaria. La emisión de luz de las fuentes primarias se hace en todas direcciones.

Las fuentes de luz pueden ser naturales como el Sol o artificiales como las velas.

¿Una fuente luminosa emite luz en todas direcciones?

En esta actividad observarás que una fuente luminosa emite luz en todas direcciones.

Qué necesitas
- Una caja grande de zapatos
- Una lámpara
- Un clavo grande
- Una barra de plastilina
- Una habitación que se pueda oscurecer completamente
- Un borrador
- Un gis

Qué hacer
- Coloca la lámpara encendida en el interior de la caja de zapatos como ilustra en la figura A. Mantenla vertical con ayuda de la plastilina.

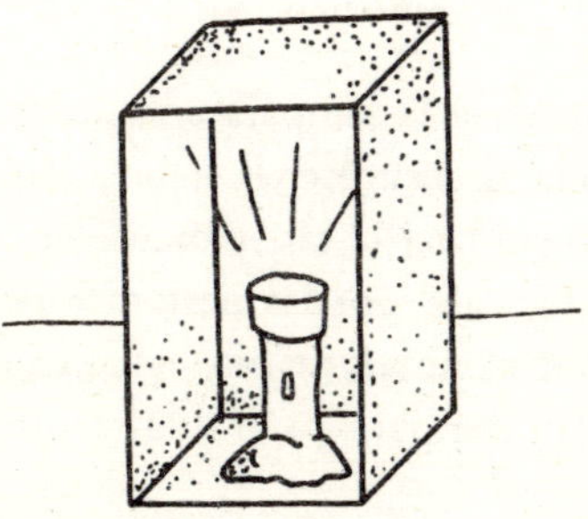

Figura A. La lámpara no debe ser muy grande.

- Con la tapa cubre la caja y oscurece la habitación, ¿qué observas?
- Enciende el foco del cuarto y con el clavo hazle algunas perforaciones a la caja. Realizado lo anterior, oscurece la habitación y observa la caja (figura B). En estas condiciones, golpea el borrador cerca de la caja, el cual previamente debió frotarse con el gis. ¿Qué ves ahora?

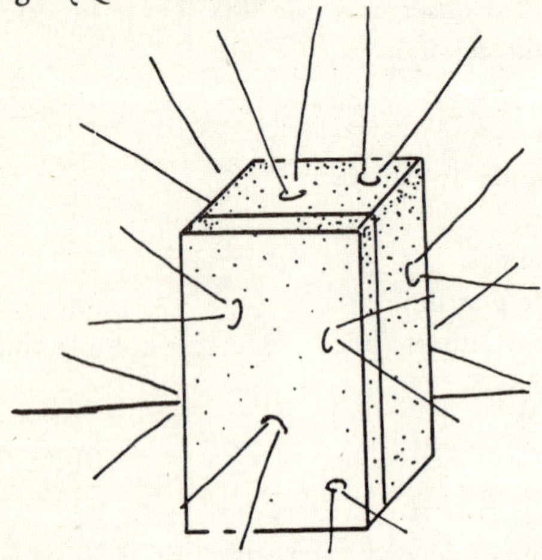

Figura B. La luz sale por las perforaciones hechas en la caja.

Qué sucedió

Con la caja tapada y la lámpara encendida en su interior no se observará nada al oscurecer la habitación.

Sin embargo, al perforar la caja y oscurecer el cuarto, se observaron haces de luz salir por las perforaciones, las cuales se hicieron visibles por el polvo de gis, evidenciando así que la fuente luminosa (la lámpara prendida) emite luz en todas direcciones.

¿Qué les pasa a las plantas si no reciben luz?

En esta actividad reconocerás que las plantas necesitan ser iluminadas para crecer.

Qué necesitas
- Una tabla de madera de 30 cm x 30 cm
- Cuatro frasquitos
- Un jardín con pasto

Qué hacer
- Cubre una porción de pasto con la tabla de madera, apoyándose en sus cuatro esquinas sobre los frasquitos, como se ilustra en la figura.

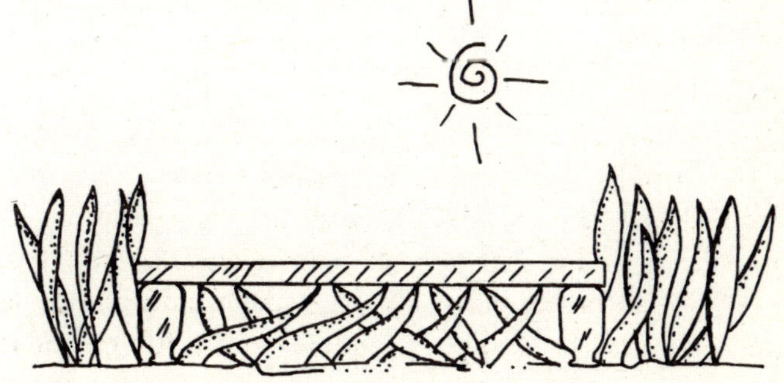

Cubre una parte del pasto con la tabla de madera.

- Deja la tabla sobre el pasto durante diez días. Transcurrido dicho lapso, levántala y observa el pasto debajo de ella, ¿cómo se encuentra?, ¿por qué?

Qué sucedió

Podrás observar que el pasto cubierto está amarillento y casi sin vida, mientras que el pasto que no se tapó, creció y se encuentra verde. Esto se debe a que las plantas utilizan la luz (energía lumínica) del Sol para fabricar su propio alimento, el cual emplean en parte para su crecimiento y el resto permanece almacenado en ellas en forma de energía química. Por lo tanto, las plantas que no reciben luz se mueren, pues no pueden producir su comida. Sin plantas verdes sería imposible vivir en la Tierra, ya que los seres vivimos alimentándonos de plantas o de animales que han comido plantas.

¿Todos los cuerpos transmiten la luz?

En este experimento comprobarás que algunos cuerpos permiten el paso de la luz y otros no.

Qué necesitas
- Una caja de zapatos
- Una vidrio transparente
- Una lámpara
- Una pelota
- Un vidrio esmerilado o papel china
- Una tabla de madera
- Una cartulina negra
- Un lápiz
- Cinta adhesiva
- Unas tijeras

Qué hacer
- Recorta un costado de la caja de zapatos como se muestra en la figura A.

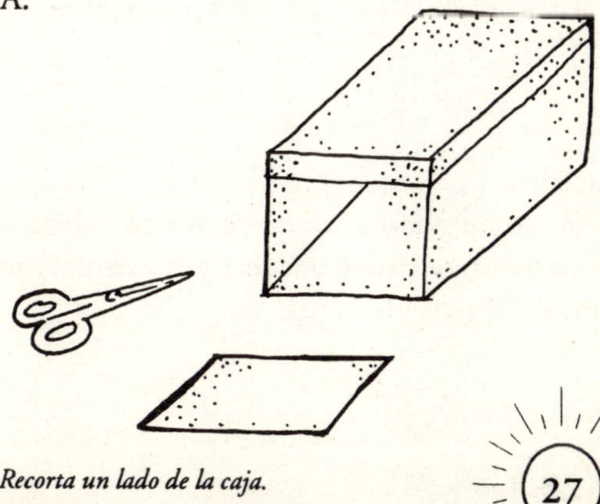

Figura A. Recorta un lado de la caja.

- Introduce la lámpara encendida, la pelota y el lápiz.
- Cubre el lado descubierto de la caja primero con la tabla de madera y después con la cartulina negra (figura B), y en cada caso pídele a un amigo que viendo a través de la tabla y la cartulina te diga su contenido, ¿puede hacerlo?, ¿por qué?
- Realizado lo anterior, sin sacar los objetos coloca el vidrio esmerilado en el lado descubierto y pídele a tu amigo que te diga qué ve en el interior ¿pudo observar el lápiz?
- Finalmente, pon el vidrio transparente en el lado descubierto y pídele a tu amigo que te diga qué hay dentro.

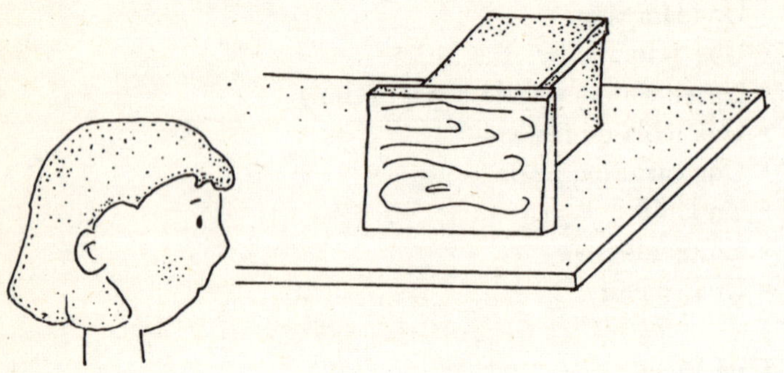

Figura B. ¿Es posible ver la luz y los objetos iluminados a través de la madera?

Qué sucedió

Tu amigo no pudo decir qué había en el interior de la caja cuando miró a través de la madera y la cartulina negra, ya que no permiten el paso de la luz; son materiales opacos.

Cuando tu amigo observó a través del vidrio esmerilado sólo pudo ver la luz del interior, pero seguramente no te pudo decir que también se encontraban la pelota y el lápiz. Los materiales como el vidrio esmerilado que permiten el paso de la luz, pero no identificar los objetos que hay del otro lado, se llaman translúcidos.

Con el vidrio se pudo mirar el interior de la caja, ya que permite pasar la luz. Este tipo de material se le conoce con el nombre de transparentes.

¿Qué se puede observar cuando un objeto intercepta a la luz?

Si quieres conocer la respuesta a esta pregunta, coloca en los espacios en blanco del siguiente párrafo, las palabras correctas de acuerdo con la clave que aparece al final.

Cuando un objeto o una persona intercepta la ________ 1 del sol o de una fuente artificial como las lámparas, se proyecta una ________2, en una zona donde la_______1 no consiguió llegar.

La ________2 de un objeto es___________3 si la fuente luminosa es pequeña y cercana al objeto, o si la fuente luminosa es grande, pero muy___________4 (figura A).

Figura A. En ciertas condiciones la sombra de un objeto o una persona es nítida.

Si la fuente de luz es grande y cerca del objeto se proyecta una _________2 no bien delineada. Por lo general se forma una región interior oscura y una región más clara o menos oscura en el contorno que recibe el nombre de _____________5.

Esta___________5 aparece donde una parte de la luz es interceptada pero otra parte no (figura B).

Figura B. Cuando la luz es interceptada por un objeto aparece una zona completamente oscura llamada sombra y otra región menos oscura llamada penumbra.

1. Luz
2. Sombra
3. Nítida
4. Alejada
5. Penumbra

¿Es grande o pequeña la sombra de un objeto?

En esta actividad comprenderás que el tamaño de la sombra de un objeto depende de qué tan lejos o cerca esté de la fuente luminosa.

Qué necesitas

- Una cartulina blanca
- Una lámpara sorda
- Cinta adhesiva
- Un fólder
- Unas tijeras
- Una regla
- Un lápiz

Qué hacer

- Dibuja en el fólder una estrella parecida a la que aparece en la figura A y con ayuda de las tijeras recórtala.
- Pega la estrella en el lápiz con ayuda de la cinta adhesiva.

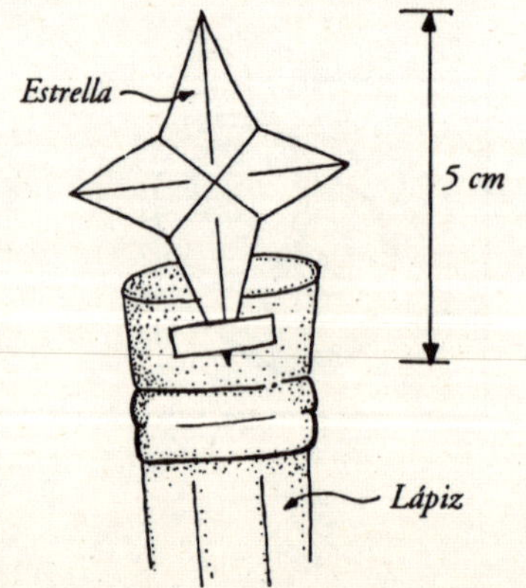

Figura A. La estrella de cartón deberá permanecer rígida al pegarla al lápiz.

- Pega la cartulina blanca a un muro de la habitación que oscurezca completamente.
- Colócate a 80 cm de la cartulina. Apaga la luz y enciende tu lámpara.
- Ubica la estrella muy cerca de la cartulina del muro e ilumínala con la lámpara (o linterna) a unos 60 cm de tí (figura B); ¿de qué tamaño es su sombra?

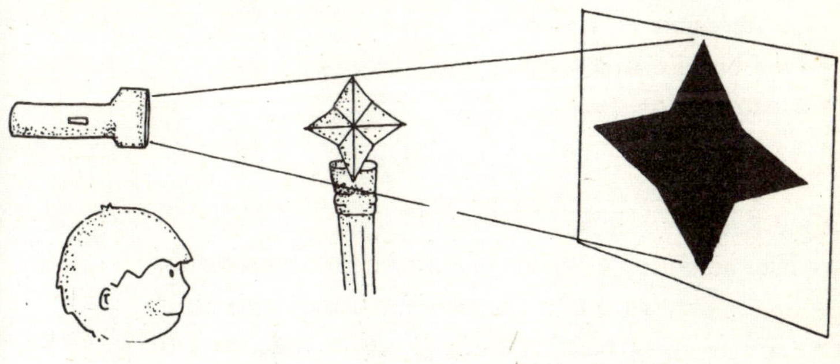

Figura B. Al estar cerca tu estrella del muro con la cartulina, ilumínala con la linterna.

- Ahora, manteniendo la misma posición de la linterna, acerca la estrella a la linterna y observa qué le sucede a la sombra que proyecta en la cartulina, ¿aumenta o disminuye?

Qué sucedió

Al estar cerca la estrella del muro, la sombra que proyecta es pequeña, pues bloquea la poca luz de la linterna. Por el contrario, si se acerca a la linterna, la sombra es grande, debido a que bloquea gran parte de la luz emitida por la linterna.

¿Cómo utilizar la sombra para medir la altura de un poste o de un asta?

En esta actividad aprenderás a medir la altura de un objeto midiendo su sombra.

Qué necesitas
- Una barra o una regla de un metro
- Una cinta métrica
- Un poste o un asta

Qué hacer
- Esta actividad la debes realizar en un día soleado.
- Selecciona un asta o un poste para medir su altura.
- Con la cinta métrica mide la sombra del asta o del poste seleccionado, expresa la medida en centímetros.
- Coloca la barra o la regla de un metro sobre el suelo, de manera perpendicular a éste y mide con la cinta métrica la sombra que proyecta, expresa la medida en centímetros.

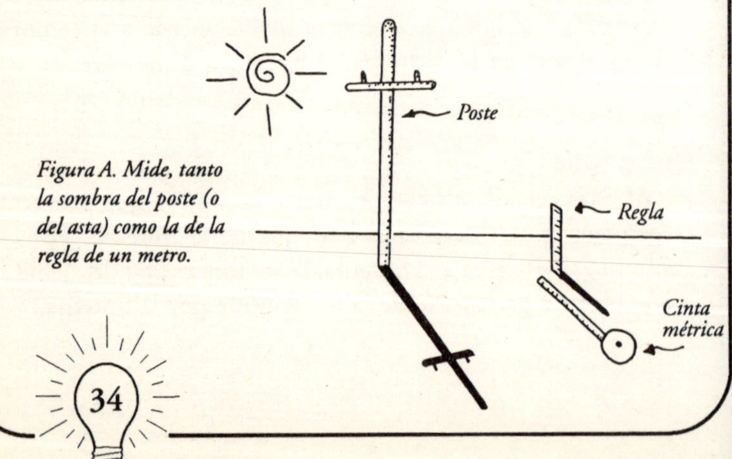

Figura A. Mide, tanto la sombra del poste (o del asta) como la de la regla de un metro.

• Para determinar la altura del poste (o del asta) multiplica la longitud de su sombra (S_A) por 100 cm (la altura de la barra de 1 m) y divide el resultado entre la longitud de la sombra de la barra (S_B), es decir:

$$\text{Altura del poste} = \frac{\textit{longitud de la sombra del poste} \times 100}{\textit{longitud de la sombra de la barra}}$$

• Al sustituir los valores medidos se obtiene

Altura del poste (o del asta) = ________________ centímetros.

Qué sucedió

Se pudo comprobar que es posible medir la altura de un objeto alto, midiendo su sombra y la de una regla de 1 m y efectuando una operación muy sencilla.

¿Cómo dibujar tu perfil?

En esta lección descubrirás que es muy fácil dibujar tu perfil a partir de tu sombra.

Qué necesitas

- Una cartulina
- Cinta adhesiva
- Una lámpara de mesa
- Un lápiz
- Una silla
- Un amigo
- Una mesa

Qué hacer

- Coloca la silla paralela al muro y cerca de éste.
- Pídele a tu amigo que se siente en la silla y pega la cartulina en el muro, al lado de la cabeza de tu compañero.
- Acerca la mesa a tu amigo sentado y sobre ella pon la lámpara.

Al encender la lámpara, tu amigo proyecta una sombra sobre la cartulina.

- Enciende la lámpara de **modo** que tu amigo proyecte su sombra sobre la cartulina.
- Dibuja el contorno de la **sombra** con un lápiz para obtener su perfil.
- Rellena el dibujo con el **color de** tu agrado.
- Ahora, inviertan los papeles **para** que tú también tengas tu perfil.

¿Cómo se produce un eclipse solar?

En esta actividad comprenderás cómo se produce un eclipse solar

Qué necesitas

- Una lámpara sorda o linterna
- Una pelota pequeña
- Una pelota grande
- Hilo
- Cinta adhesiva
- Una habitación que se pueda oscurecer completamente

Qué hacer

- En la habitación que se puede oscurecer coloca la pelota grande sobre una mesa.
- Pega el hilo a la pelota pequeña y pídele a tu amigo que la sostenga.
- Prende tu lámpara (Sol) y dirige el haz luminoso hacia la pelota grande (Tierra). Pídele a tu amigo que coloque la pelota pequeña (Luna) entre la lámpara sorda y la pelota grande como se ilustra en la figura A. Apaga la luz de la habitación manteniendo prendida la lámpara.

¿Así se produce el eclipse solar?

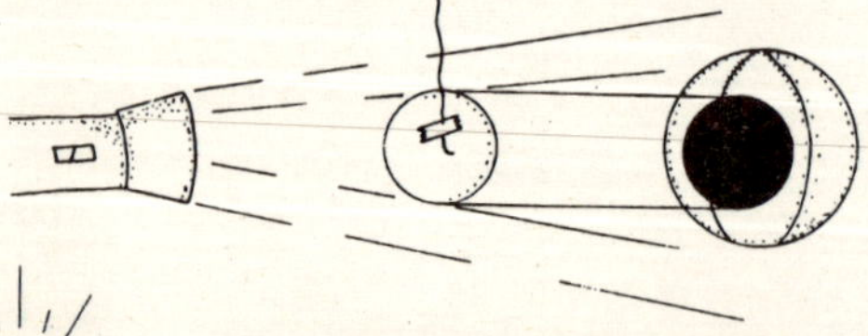

Figura A. Al colocar la pelota entre la lámpara y la pelota grande, aparece una sombra en la pelota grande.

Que sucedió

La pelota chica provoca la aparición de una sombra en la pelota grande, siempre y cuando estén alineadas entre sí y con la lámpara.

De la misma manera cuando la Luna pasa frente al Sol y la Tierra, su sombra se proyecta sobre algunas partes de la Tierra. Dichos lugares se oscurecen durante algunos minutos en el día. Esto es lo que conocemos como un eclipse solar (figura B)

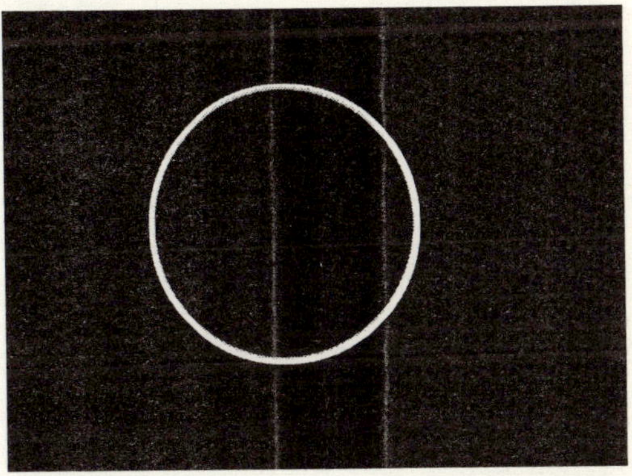

Figura B. En un eclipse solar, la Luna oculta al Sol en pleno día durante algunos minutos. En un eclipse como éste es posible observar la atmósfera exterior del Sol.

El ojo

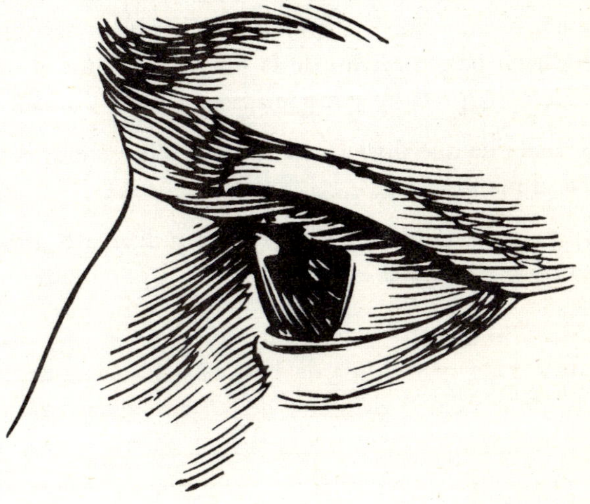

¿Cuál es este órgano?

Con este órgano el ser humano puede detectar la luz. Se trata de un receptor de luz que puede regular la cantidad de luz que le entra, abriendo y cerrando uno de sus elementos llamado pupila. Los rayos de luz que entran son refractados (es decir, cambian su dirección) por una lente llamada cristalino, la cual los concentra en la parte trasera, conocida como retina, y la cual tiene terminaciones nerviosas. Los impulsos nerviosos que se producen por la acción de la luz son llevados al cerebro, donde son interpretados como imágenes, colores y movimientos.

Si sabes de que órgano del ser humano estamos hablando escribe su nombre: _______________________.

Si quieres conocer cuál es su masa y diámetro promedios encuentra la salida del laberinto.

Masa de 7 a 8 g y diámetro de 2.5 cm   Masa de 10 a 12 g y diámetro de 3.5 cm   Masa de 4 a 6 g y diámetro de 1.5 cm

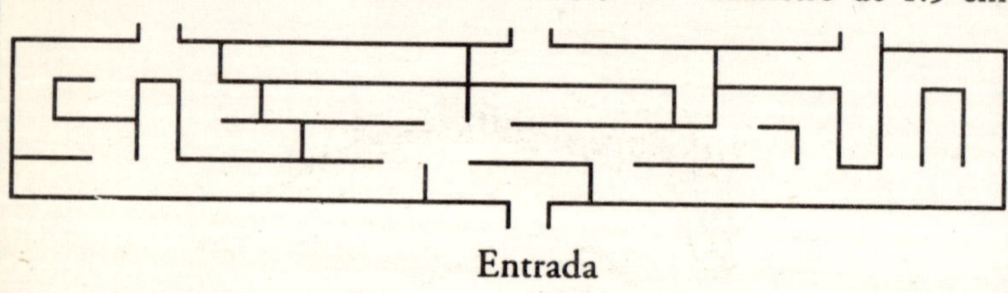

Entrada

La masa de este órgano es de _____________ y su diámetro es de _____________.

¿Cuáles son las principales partes del ojo humano?

El ojo es el órgano sensorial de la visión y contiene un gran número de células sensibles a la luz.

El ojo está rodeado por una capa de fibras de tejido llamada *esclerótica*. Esta capa es dura, flexible y protectora, y le permite al ojo mantener su forma. En el frente, la esclerótica se une con la córnea que sirve también como una cubierta protectora, pero transparente, la cual permite que la luz entre al ojo. En la parte del frente del ojo se encuentra el *iris*, en cuyo centro se encuentra la *pupila*, la cual regula la cantidad de luz que entra al ojo. Atrás de la pupila se encuentra el *cristalino*, que concentra la luz en la *retina*.

La retina es la capa del ojo que contiene las células receptoras de luz; los *conos* y los *bastoncillos* o *bastones*. La luz recibida es convertida en impulsos eléctricos que son llevados por el *nervio óptico* al cerebro.

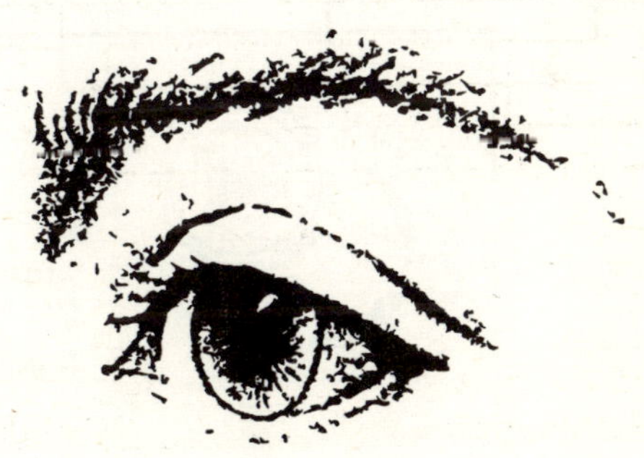

En el siguiente esquema se ilustra un ojo, en el que se señalan sus principales partes. Si quieres conocer el nombre de dichas partes, relaciona el **número** que aparece en ellas con el que se encuentra en la clave y escríbelo en el espacio en blanco.

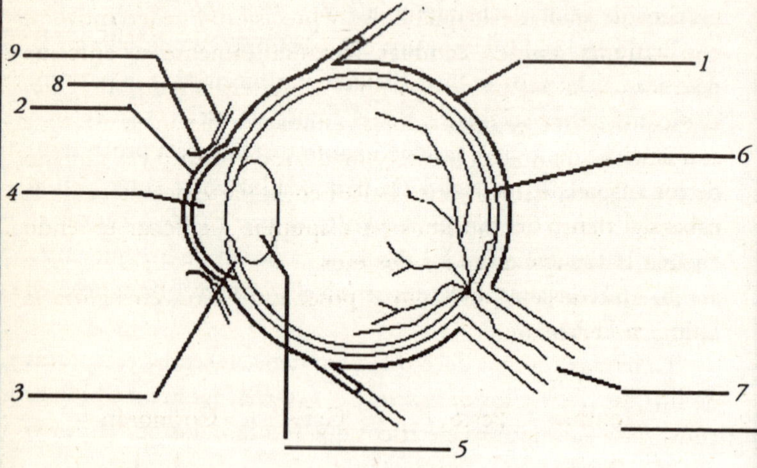

Figura A. Partes del ojo.

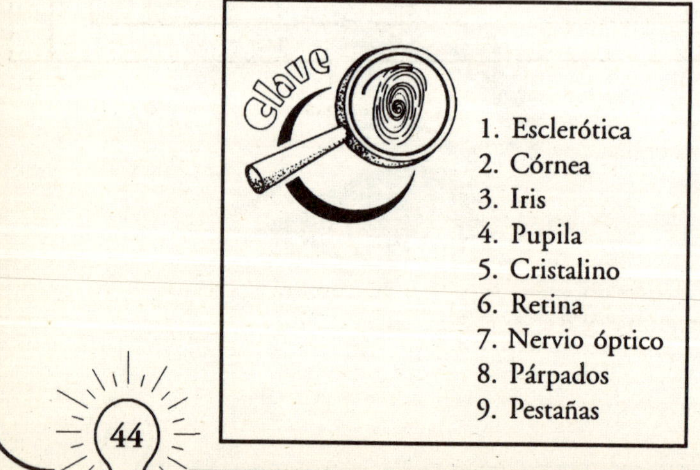

44

¿Qué animales tienen estos ojos?

Los ojos de este animal son menos agudos que los del halcón. No están situados para ver bajo el agua, ni son tan eficaces en la oscuridad como los de los búhos. Sin embargo, conservan un notable grado de adaptabilidad y precisión. Pueden moverse con extrema rapidez, cambian instantáneamente su enfoque pasando de la página de este libro a una estrella distante, son capaces de distinguir los colores, estiman la distancia a la que se encuentra un objeto, la dirección del movimiento y el tamaño de los objetos. Estos ojos se hallan en la parte delantera de la cabeza y tienen mecanismos para apuntar y enfocar uniendo en una las imágenes de los dos ojos.

Si quieres saber qué animal posee estos ojos, encuentra la salida del laberinto.

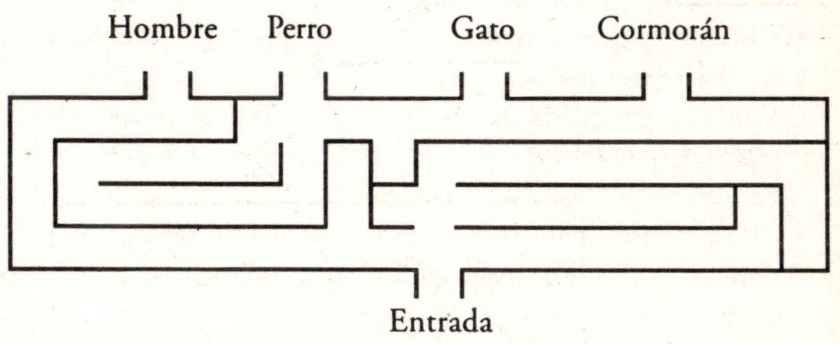

Se trata de los ojos del ______________.

Gracias a sus ojos y a su cerebro, es capaz de hacerse preguntas y dar respuestas a las mismas.

¿Cómo construir el modelo de un ojo?

En esta actividad construirás un modelo del ojo humano con material sencillo.

Qué necesitas
- Un foco pequeño con socket
- Una cartulina negra o tabla de madera pintada de negro
- Una cartulina blanca o tabla de madera pintada de blanco
- Una pecera con agua
- Plastilina
- Un clavo

Qué hacer
- Coloca la pecera en una mesa.
- Hazle un agujero con el clavo a la cartulina negra en el centro, el cual representa la pupila.
- Pon esta cartulina negra entre el foco y la pecera (que representa el cristalino). Utilizar plastilina para que quede vertical.
- Ubica la cartulina blanca (es la retina) al otro lado de donde pudiste la cartulina negra, de manera que la pecera quede entre las dos.
- Alinea el foco con las dos cartulinas y enciéndelo. Apaga las demás luces de la habitación y corre las cortinas, para que quede completamente oscura.
- Desplaza la cartulina blanca hacia atrás o hacia adelante hasta que aparezca la imagen del foco sobre ella. ¿Cómo aparece?

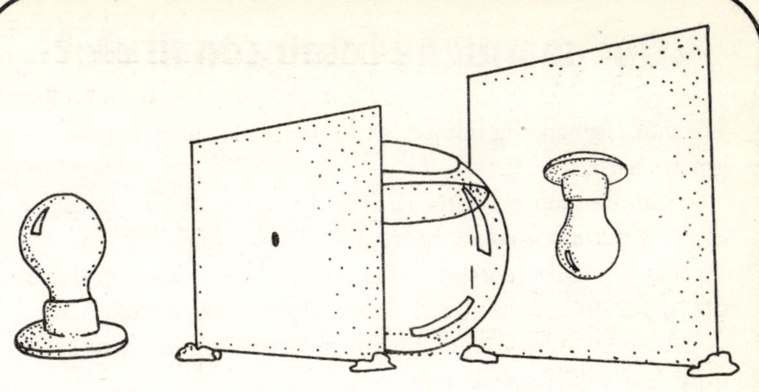

La disposición de las cartulinas y la pecera con agua representa un modelo simplificado del ojo.

Qué sucedió

La imagen que se observa en la cartulina blanca es más pequeña e invertida. Esto mismo sucede en el ojo, es decir, en la retina también la imagen aparece invertida, pero el cerebro interpreta esta imagen para que la veamos derecha.

¿Qué mantiene lubricado al ojo?

Los ojos permanecen húmedos y los párpados pueden deslizarse gracias a ellas.

Sin ellas sobrevendría la deshidratación de los delicados órganos del ojo y como consecuencia una rápida ceguera.

Las glándulas correspondientes producen un centilitro al día, o sea un equivalente al de tres dedales de costura.

Además, permiten al organismo eliminar los productos químicos relacionados con la tensión nerviosa, que de esta manera disminuye en 40 por ciento.

Si quieres saber qué mantiene lubricado el ojo acomoda en el espacio en blanco, las sílabas que aparecen en las fichas de dominó una vez que las ordenes en forma ascendente.

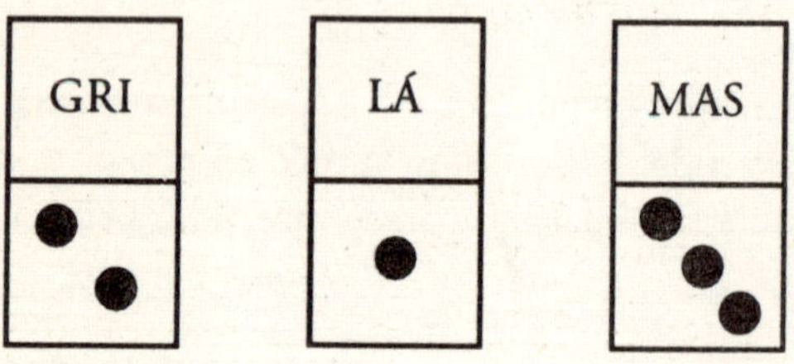

Se trata de ________________________.

Debido a que las mujeres poseen una mayor cantidad de la hormona llamada prolactina, lloran en promedio cuatro veces más que los hombres.

¿Una cortina protectora del ojo?

La labor de esta "cortina" consiste en alejar las partículas de polvo que pueden molestar el ojo y provocar el cierre de los párpados si un cuerpo extraño le molesta.

Esta "cortina" se renueva cada 100 días, es decir, el hombre cambia esta "cortina" 260 veces en promedio a lo largo de su existencia y la mujer 290 (recuerda que ella vive más en promedio).

Esta "cortina" se cierra y abre cada cinco segundos. Si exceptuamos las ocho horas de sueño en las cuales los párpados permanecen cerrados, parpadeamos alrededor de 11 500 veces al día.

Si quieres saber de qué se integra esta cortina descubre las sílabas que aparecen en el interior de las figuras similares y acomódalas convenientemente en el espacio en blanco.

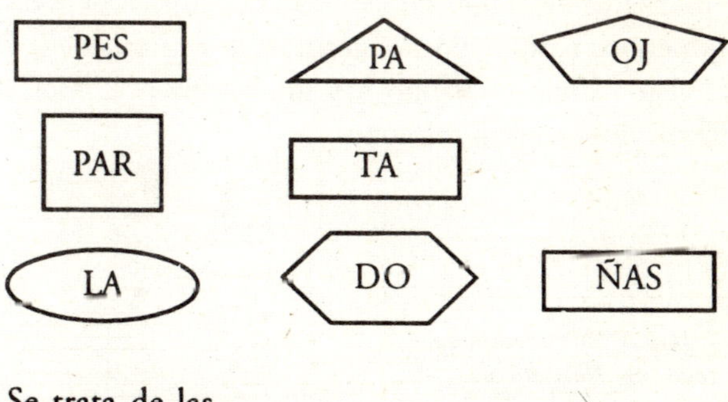

Se trata de las ________________.

Los ojos del ser humano tienen un promedio de 329 pestañas y puede llegar a parpadear más de 330 millones de veces en la vida de una mujer.

¿Cómo están distribuidos los bastoncillos y conos en la retina del ojo del ser humano?

La retina del ojo del ser humano contiene una especie de "pequeñas antenas" sensibles a la luz. Algunas de ellas tienen la forma de bastón conocidas como bastoncillos y otras de cono. Los bastoncillos predominan en la periferia y son sensibles al resplandor de la luz, pero no responden al color (figura A).

Los conos se ubican en la retina en el centro del campo de visión, donde la visión es más clara. Los conos son sensibles al resplandor de la luz y al color. Son los responsables de que veamos los objetos en colores.

Debido a esta distribución de los conos y los bastones, la visión diurna (o de día) es diferente a la nocturna, pues en ésta se enfoca en los bastoncillos, es decir, en la periferia de la fóvea y en la visión diurna, cuando hay mucha luz se enfoca en la zona fóvea, donde están los conos.

Figura A. Los bastoncillos y conos son células del ojo.

En la retina también existe una zona en la que surgen los nervios que llevan toda la información al cerebro. Si deseas conocer el nombre, acomoda de manera adecuada las vocales encerradas en el círculo en los espacios en blanco.

Esta zona recibe el nombre de P__NT__ C__ __G__.

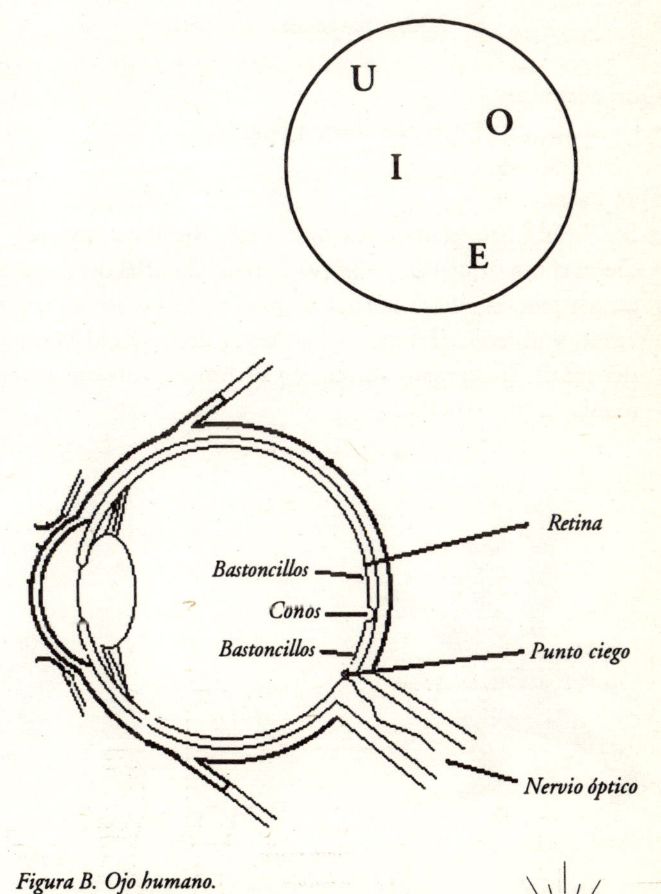

Figura B. Ojo humano.

¿Un león que desaparece?

En esta actividad comprobarás que en determinadas condiciones al acercar la imagen de un objeto a tus ojos desaparecerá de tu vista.

Qué necesitas

• La imagen que aparece en esta página.

Qué hacer

• Sostén el libro frente a tus ojos a una distancia normal.
• Cierra el ojo izquierdo y observa la mano derecha del domador; acerca lentamente el libro a tu cara sin dejar de observar la mano y al león. ¿En algún momento desapareció la imagen del león? Si seguiste acercando el libro, ¿volviste a ver al león?

Figura. Acerca lentamente esta imagen a tu vista y desaparecerá el león.

Qué sucedió

Al acercar la imagen al ojo derecho no tan sólo observas al domador, sino al león. Sin embargo, a cierta distancia de nuestra cara, el león desaparece de nuestra vista, pero al acercar más el libro, el león vuelve a ser visto.

Esto se debe a que en la parte posterior del ojo se encuentra el nervio óptico, el cual se conecta al cerebro. En esta área de la retina no hay conos ni bastoncillos, por lo tanto, si la luz emitida por una fuente de luz o un objeto iluminado (el león) incide en esta región, no puedes verlo.

¿Por qué en los lugares oscuros, los objetos parecen grises?

Puedes estar rodeado de objetos rojos, verdes, azules, etc. Sin embargo, estos objetos se ven grises en la noche, cuando apenas son iluminados, ¿a qué se deberá esto?

La respuesta está en nuestros ojos, pues durante la visión nocturna los bastoncillos de la retina son los que perciben la sensación luminosa, en lugar de los conos que lo realizan con buenas iluminaciones. Como los bastoncillos no son sensibles al color, de noche o en sitios con poca luz se pierde notablemente la sensación del color o los colores de los objetos y por ello parecen grises. La mayoría de los mamíferos tienen en sus retinas bastoncillos sensibles a la oscuridad, de modo que miran en blanco y negro.

Si quieres conocer qué otros mamíferos sí ven los colores, coloca en los espacios las letras que se unen con líneas.

Se trata de los

El perro ve en blanco y negro y el chimpancé ve a colores.

¿Por qué en la oscuridad se ven mejor los objetos cuando no se miran de frente?

La pregunta anterior se puede explicar por la manera en que están distribuidos los receptores de luz (conos y bastoncillos) en la retina del ojo.

Los conos encargados de ver de día y de ver los colores se agrupan en el centro de la retina (llamado fóvea); los bastoncillos se encargan de ver de noche y se concentran en las orillas de la retina alrededor de los conos.

Como en la fóvea no hay bastoncillos, los objetos se ven mejor en la oscuridad desde las orillas de la retina (de reojo), porque allí sí hay bastoncillos.

Si quieres saber de qué colores se miran los objetos en estas condiciones, ordena en los espacios en blanco las letras que aparecen en el cuadro una vez que elimines la A, la C y la M.

A	G	A	C	M	C	M	A	C
C	M	R	M	I	A	C	M	C
M	C	C	A	C	S	C	M	A
A	M	A	M	C	A	E	C	S

Los objetos se ven ___________________.

¿Cuál es la mínima cantidad de luz que requiere la vista?

El ojo humano es un órgano muy sensible, pues es capaz de reaccionar ante una luz muy tenue. Esto se debe a que posee más de cien millones de células sensibles a la luz (bastones o bastoncillos) y de células sensibles al color (conos).

Si quieres conocer la respuesta a esta pregunta coloca la letra *e* en los espacios en blanco del siguiente párrafo.

Los bastoncillos no v_n los color_s p_ro v_n la luz, aunqu_ _sta t_nga una pot_ncia luminosa _quival_nt_ a la d_ un c_rillo _nc_ndido _n una noch_ oscura a 80 km d_ distancia.

Para que se pueda ver el cerillo, debe haber total ausencia de cualquier otra luz y una atmósfera transparente.

¿Cómo se adaptan los ojos a la penumbra?

Si estamos fuera de nuestra casa o de cualquier otro sitio, a mediodía y en un día soleado, en nuestros ojos los conos y los bastoncillos se equilibran químicamente para entrar a una habitación, donde la cantidad de luz es mucho menor y estas células deben adaptarse mediante otras reacciones químicas. Los conos, cuya función principal consiste en ver los colores y no tanto la luz, son los primeros en adaptarse a la penumbra en unos diez minutos.

Si deseas saber cuántos minutos en promedio tardan los bastoncillos (células supersensibles a la luz) en adaptarse a la penumbra, elimina los números que aparecen dos o más veces en el cuadro y los que sobren ponlos en los espacios en blanco.

$$2 \quad 1 \quad 8 \quad 6 \quad 4$$
$$5 \quad 3 \quad 0 \quad 2 \quad 1$$
$$5 \quad 8 \quad 1 \quad 4 \quad 6$$

El tiempo que tardan los bastoncillos en adaptarse a la penumbra es de __ __ minutos.

¿Por qué los gatos ven en la oscuridad?

Si los gatos están en un lugar donde hay una oscuridad total, no pueden ver lo que hay a su alrededor.

No obstante, si en el sitio hay un poco de luz, los gatos sí pueden ver, aunque nosotros no, ya que estos animales pueden mirar con iluminaciones mucho menores que el ser humano.

Esto lo logran debido a que pueden dilatar (aumentar) la pupila de sus ojos mucho más que nosotros, con lo que les llega más luz a su retina proveniente de los objetos iluminados que se encuentran a su alrededor.

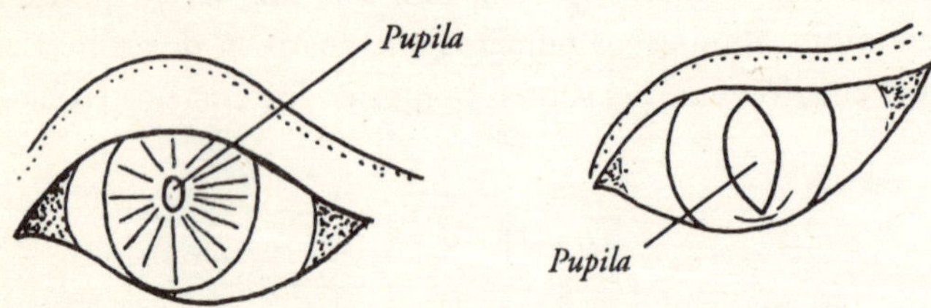

A) Ojo humano, b) ojo de gato. La pupila del gato es mayor que la del ser humano.

Si deseas conocer el nombre de otro animal que puede ver en lugares con poca luminosidad, acomoda convenientemente las letras que aparecen en el círculo en los espacios en blanco.

Se trata del __ __ __ __ __.

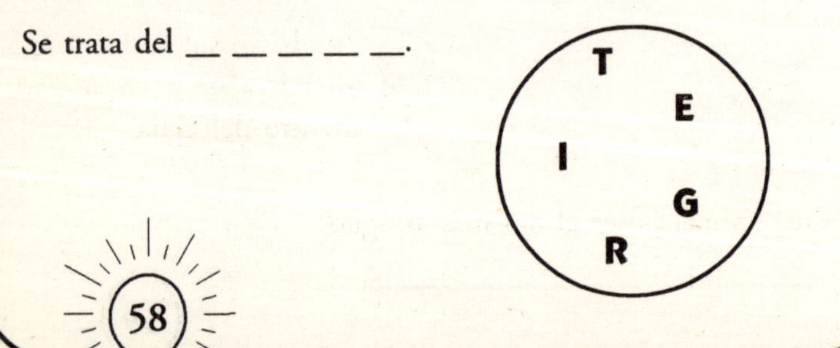

¿Cómo son los ojos de los animales?

Los ojos de los animales adoptan una gama casi infinita de colores, formas y tamaños. La variedad de ojos son el resultado de las adaptaciones evolutivas al medio ambiente y características de sus presas y depredadores. Muchas criaturas marinas ven en todas direcciones a la vez.

Si quieres saber más sobre la visión y las características de los ojos de algunos animales, relaciona con una línea las dos columnas si las figuras son iguales.

Animal	**Características**
Halcones y águilas	Sus grandes ojos les ayudan a ver de noche.
Topo	Poseen la vista más aguda.
Lenguado	Sus ojos no son mayores que la cabeza de un alfiler. Sólo perciben contrastes de luz.
Trilobites	Tienen el ojo más antiguo del mundo.
Anableps	Sus ojos están del mismo lado.
Lechuza	Puede ver con los ojos mitad afuera y mitad adentro del agua.

¿Qué animal posee el ojo más antiguo?

____

¿Qué es el cuadro oftométrico?

Es el cuadro diseñado por el oftalmólogo holandés Herman Snellen en 1862. En la actualidad se utiliza para medir la agudeza de la vista.

La persona que desea conocer si su agudeza visual es normal se coloca a seis metros del cuadro y lee desde dicha distancia tantas letras como puede. Si lee correctamente las ocho primeras líneas, su agudeza es normal, ó 20/20. Si lee más de ocho líneas, su agudeza es excepcional; menos de ocho líneas indica que quizá necesite anteojos.

En la siguiente página aparece el cuadro oftométrico reducido a una quinta parte de su tamaño normal. Para saber si necesitas lentes coloca el libro verticalmente sobre la mesa, abierto en la página donde aparece el cuadro oftométrico. Aléjate a unos seis metros del libro. Si a dicha distancia puedes leer las dos letras de la segunda fila, tu visión se considera normal; si no lo lograste, consulta a tu médico.

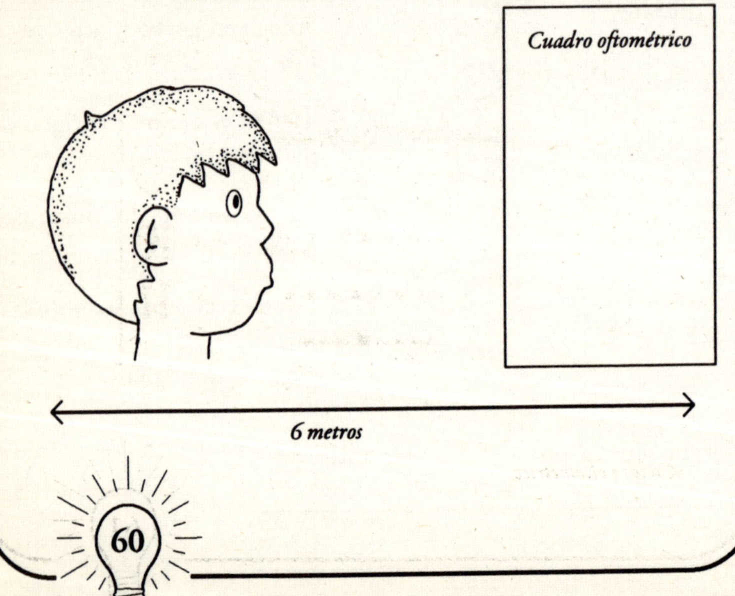

E

F P

T O Z

L P E D

P E C F D

E D F C Z P

F E L O P Z D

D E F P O T E C

L E F O D P C T

F D P L T C E O

P E Z O L C F T D

American Optical

Cuadro oftométrico

¿Qué cuidados debe tener el ojo?

El ojo es un órgano que debemos proteger y cuidar para disfrutar el colorido de nuestro medio.
Si quieres saber qué cuidados debes tenerle, coloca las palabras que aparecen en la clave en los espacios en blanco del siguiente texto:

a) No aplicar_________________1 ni _______________2 sin consultar al médico.

b) Si se introduce un cuerpo_______________3 en el _________4 no hay que rascarse. Se debe extraer con un _________5 suave o lavándolo con abundante _________6.

c) No mirar directamente la _________7 cuando se realice una_________8, ni durante un eclipse _________9.

d) No se debe mirar directamente el_________10.

e) Cuando se vaya a lugares donde hay _________11, se deben usar lentes adecuados para protegerse de la_________7 solar que se refleja en la nieve durante un día soleado.

f) Si el_________4 está reseco y molesta, aplicar unas gotitas de_________12 fisiológico o agua de _________13 filtrada.

g) Si trabajas con ácidos fuertes debes proteger tus ojos empleando _________14 adecuadas.

1. Pomada
2. Colirios
3. Extraño
4. Ojo
5. Pañuelo
6. Agua
7. Luz
8. Soldadura
9. Solar
10. Sol
11. Nieve
12. Suero
13. Manzanilla
14. Gafas

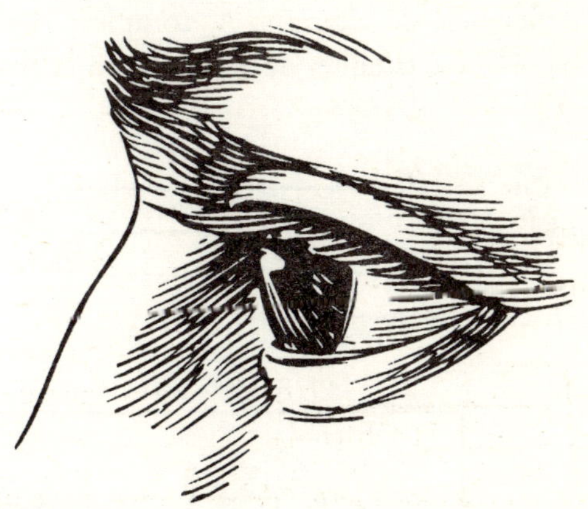

¿El comer zanahoria mejora la vista?

Se ha demostrado que comer zanahoria ayuda a ver mejor de noche. Pero no sólo la zanahoria tiene este efecto, sino todos los alimentos ricos en vitamina A, como las verduras verdes de hojas grandes.

La falta de vitamina A puede provocar que no se efectúen las reacciones químicas necesarias en los conos y bastones que permiten a la vista adaptarse a la penumbra (ceguera nocturna).

Es oportuno señalar que la zanahoria no siempre contribuye a mejorar la visión, porque los problemas de este tipo pueden originarse por enfermedades o la herencia.

Consumir muchas zanahorias por día o complementos alimenticios en vitamina A muy concentrada puede provocar vista borrosa y trastornos en el estómago y en la piel. El exceso de vitamina A pone la piel muy amarillenta.

Si quieres saber cuántas zanahorias debes comer para subsanar la deficiencia de vitamina A, completa el siguiente párrafo con las palabras faltantes de acuerdo con la clave dada.

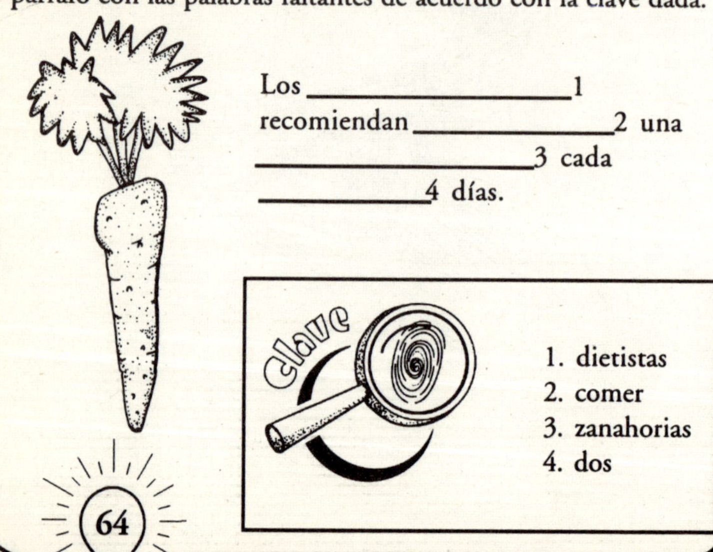

Los _________________1
recomiendan _________________2 una
_________________3 cada
_________________4 días.

1. dietistas
2. comer
3. zanahorias
4. dos

¿Qué es la miopía?

Es el problema de visión que presentan las personas que no ven bien de lejos. Por esto, se dice que dichas personas son de vista corta. El problema del ojo miope es que está más ancho de lo que debe (figura A).

Esta situación provoca que los rayos luminosos que llegan al ojo converjan antes de llegar a la retina y que la imagen de lo observado se aprecie desenfocada.

En el caso de objetos cercanos a la vista del miope, el cristalino si logra enfocarlos.

a) Ojo normal

b) Ojo miope

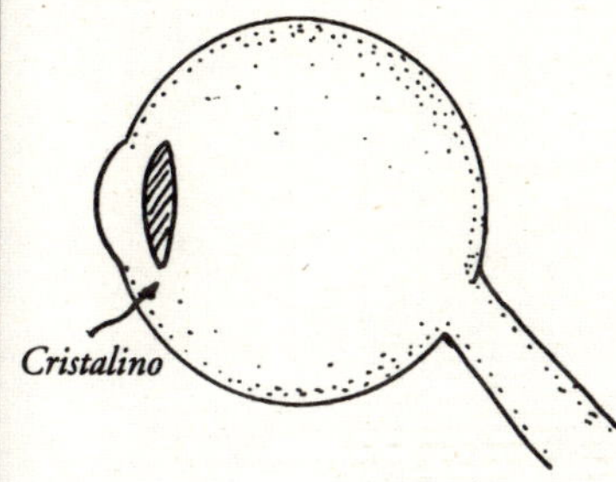

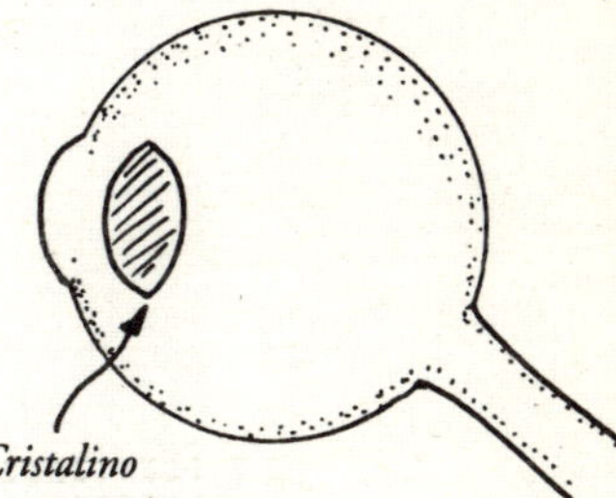

Figura A. Comparación de cristalinos.

El cristalino está más ancho en el ojo miope.

El cristalino del ojo miope es más ancho que el cristalino del ojo con vista normal.

Si quieres saber que tipo de lentes son las que se pueden utilizar para corregir la miopía, selecciona la lente que aparezca en la figura B geométrica que no se repita y dibújala en la figura en blanco.

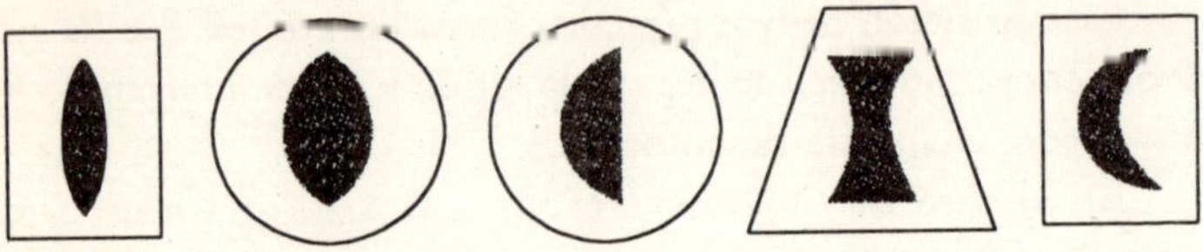

Figura B. Tipos de lentes.

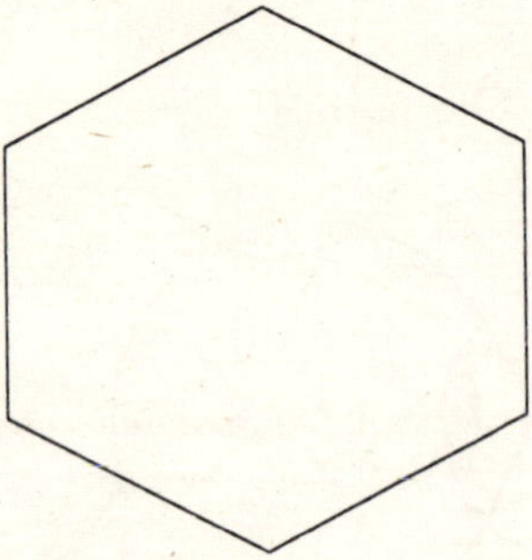

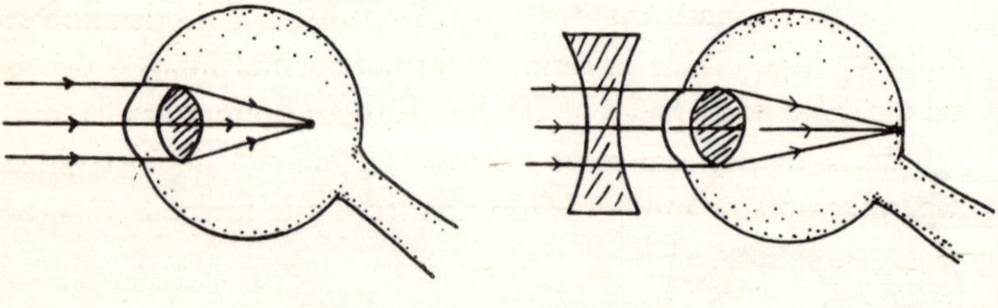

Figura C. Corrección de la miopía con una lente divergente.

¿Qué es la hipermetropía?

Otro problema de visión que se presenta con frecuencia en la población es la hipermetropía. Es cuando las personas no pueden ver bien los objetos cercanos pero sí los lejanos.

Este problema se presenta cuando el cristalino está alargado comparado con el de una persona con visión normal (figura A).

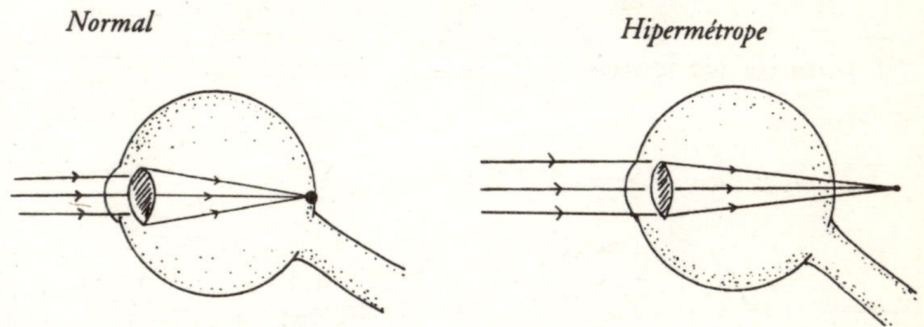

Figura A. Comparación de cristalinos entre una persona con visión normal y un hipermétrope.

En estas condiciones los rayos desviados por el cristalino se juntarán más allá de la retina y formarían una imagen detrás del ojo. Esto desde luego no ocurre, pero por no formarse la imagen en la retina, ésta se ve borrosa. La manera de corregir la hipermetropía es anteponiendo una lente que forme la imagen

Si quieres conocer el nombre del tipo de lente que se debe emplear para corregir la hipermetropía, une de manera conveniente las siguientes sílabas.

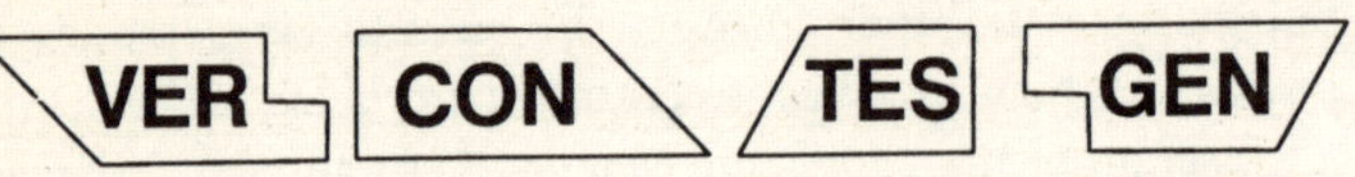

Se trata de las lentes _______________________.

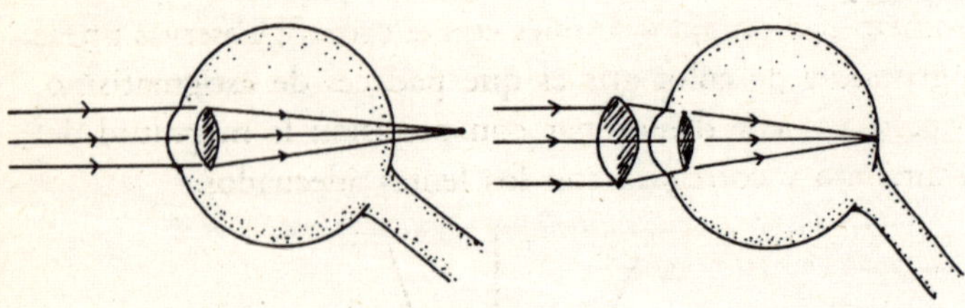

Figura B. Corrección de hipermetropía.

¿Qué es el astigmatismo?

Este problema de visión es el más común de todos y se debe a deformaciones en la córnea. En realidad casi todas las personas lo presentan, sólo que su problema es tan pequeño que no necesitan emplear lentes correctores.

El astigmatismo hace que las personas vean las cosas deformes y desenfocadas en algunas direcciones. Para corregir este problema de visión pueden utilizarse lentes ligeramente cilíndricas.

El astigmatismo puede acompañarse de miopía y de hipermetropía y ser diferente en cada ojo.

Si quieres saber si padeces astigmatismo, observa la figura A, primero con un ojo y después con el otro. Si observas líneas más gruesas y de color gris es que padeces de astigmatismo. Un oculista puede determinar con precisión la magnitud del padecimiento y corregirlo con los lentes adecuados.

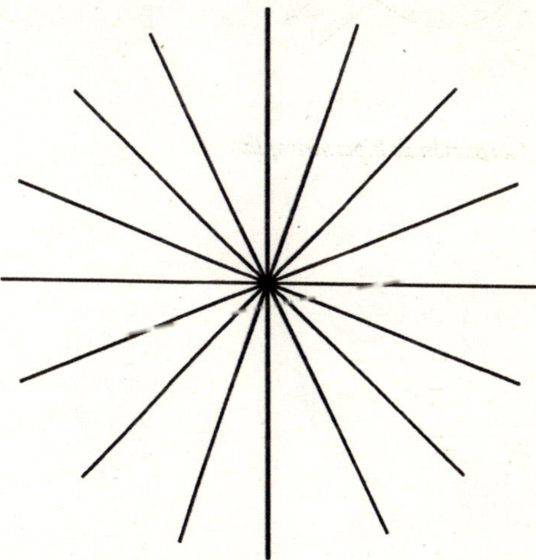

Figura A. Figura para detectar si padeces astigmatismo.

¿Qué es la ceguera?

Si quieres obtener la respuesta a esta pregunta, sólo coloca la letra *e* en los espacios en blanco que aparecen en el siguiente párrafo.

La c__gu__ra __s la falta de visión, __s d__cir, __s la aus__ncia total d__ p__rc__pción visual, incluy__ndo la p__rc__pción luminosa. Cuando la c__gu__ra s__ pr__s__nta en __l r__ci__n nacido, s__ dic__ qu__ __s cong__nita, si s__ pr__s__nta d__spu__s d__ hab__r nacido se dic__ qu__ la c__gu__ra __s adquirida.

La c__gu__ra __s mayor __n la población d__ clas__s bajas y socialm__nt__ marginada.

S__ ha comprobado qu__ la c__gu__ra en la población f__m__nil s__ pr__s__nta __n mayor proporción qu__ en la masculina.

En los países subdesarrollados la ceguera afecta a la población debido a enfermedades infecciosas y a la falta de vitamina A.

¿Qué significa el término ciego?

Con el fin de que aprecies mejor el significado del término ciego, coloca en los espacios en blanco la palabra adecuada de acuerdo con la clave que aparece en la siguiente página.

Ciego es el término genérico que designa a la persona carente de ___________1. Dado que la ___________1 puede perderse totalmente o conservar restos de___________2, cada país tiene su definición legal de___________3, en la que se adoptan determinadas medidas de cantidad y cualidad de la ___________2 residual.

Ser ________3 supone:
a) La utilización del ________4 para identificar por la ________5 a sus interlocutores, para seguir la lectura de un ________6 grabado en cinta magnetofónica o en disco y para otras muchas cosas de la vida diaria.
b) El uso del sentido del ________7 para leer y escribir por medio del sistema ________8, afeitarse o pintarse, etcétera.
c) El empleo del ________9 para advertir la presencia de determinados ________10 así como su estado, y algunos detalles del ambiente.

El________3 es una persona que utiliza mejor los sentidos del ________4, ________7 y ________9 que las personas que sí pueden ver.

1. vista
2. visión
3. ciego
4. oído
5. voz
6. libro
7. tacto
8. Braille
9. olfato
10. alimentos

Tipos de ceguera

Los especialistas identifican y clasifican la ceguera en diferentes clases. Si deseas conocer las **características** de los tipos de cegueras relaciona con una **línea** las figuras similares que aparecen en ambas columnas.

Tipos de ceguera	**Características**
Ceguera Nocturna 	 Sólo se perciben tonalidades blancas, negras y grises. No existen los colores.
Ceguera Diurna 	 Hay mala visión en ambientes poco iluminados.
Ceguera del color 	Se genera mala visión en ambientes muy luminosos.

¿Qué nombre recibe la ceguera que **no** permite ver en ambientes muy iluminados?

____

¿En qué tipo de ceguera no se **distinguen** los colores?

____

¿Cómo identifican las personas que no ven los objetos que les rodean?

En esta actividad reconocerás que los ciegos emplean sus demás sentidos, como el tacto, el gusto, etcétera.

Qué necesitas

- Frutas como una naranja, una mandarina, una manzana *starkin*, una pera, una manzana *golden*, un plátano, etcétera
- Objetos diversos como un lápiz, una pluma, una goma, un balín, una canica
- Una venda
- Una silla
- Dos amigos
- Unas pinzas de ropa
- Una cuchara
- Un plato
- Un cuchillo
- Una caja de zapatos o de galletas

Qué hacer

- Pídele a un amigo que se siente en la silla cerca de la mesa y véndale los ojos. Asegúrate de que no vea.
- En estas condiciones, dile que identifique a través del tacto las frutas lavadas. Para cerciorarte de que no empleará el olfato, colócale las pinzas de ropa en la nariz o que él mismo se las apriete con una mano mientras respira por la boca. Acerca

una a una las frutas y, de acuerdo con sus respuestas, llena la tabla 1 marcando una X en la columna correspondiente.

Tabla 1. Identificación de frutas con el sentido del tacto.

Fruta	Fue identificada	No fue identificada
Manzana *golden*		
Manzana *starkin*		
Pera		
Mandarina		
Plátano		

• Ahora, retírale las pinzas de la nariz y acércale las frutas sin que las toque, para que las descubra con el olfato, y registra en la tabla 2 con una X si lo logró o no pudo hacerlo, en la columna correspondiente.

Tabla 2. Identificación de frutas con el sentido del olfato.

Fruta	Fue identificada	No fue identificada
Manzana		
Pera		
Plátano		
Mandarina		
Naranja		

• Realizado lo anterior, pídele que identifique las frutas dándole un pedazo de ellas para que las pruebe y marca según su respuesta una X en la **columna** correspondiente de la tabla 3. El pedazo que le des **de** cada fruta será pequeño.

Tabla 3. Identificación de frutas con el sentido del gusto.

Fruta	Fue identificada	No fue identificada
Naranja		
Mandarina		
Manzana		
Pera		
Plátano		

Figura A. Identificación de frutas y objetos, mediante los sentidos del olfato, tacto y gusto.

- Finalmente, dile que descubra los objetos colocados en la caja de zapatos de galletas empleando sus sentidos y te diga qué objeto es y qué color tiene. Escribe en la tabla 4 los nombres de los objetos y si acertó en su color.

Tabla 4. Identificación de objetos mediante los sentidos.

Color de los objetos	Nombre de los objetos

Qué sucedió

Quizá tu amigo haya identificado las frutas con sus sentidos, así como los objetos que se le proporcionaron, pero lo que no pudo descubrir fue su color. Esto da una idea de cómo las personas que no ven pueden emplear sus sentidos para identificar lo que les rodea.

¿Cuál es el nombre de los movimientos reiterativos que realizan algunos ciegos?

Un elevado porcentaje de ciegos tienen tics de carácter reiterativo que no obedecen a una motivación aparente.

Son gestos motrices de tipo autoestimulatorio que se repiten con mucha frecuencia. Consisten en hábitos de carácter semivoluntario, que se diferencian de los tics continuos, incontrolados y automáticos.

Estos movimientos de los ciegos pueden adoptar diversas formas: giros de cabeza, "aleteos" de las manos y de los ojos, tics faciales, de rodillas, balanceo del tronco, flexiones de rodillas, etc. Los especialistas señalan que el niño o el adulto ciegos intentan compensar la ausencia de actividad hacia el mundo exterior mediante sus propios gestos autoestimulatorios.

Si colocas las fichas en orden ascendente según sus puntos y unes las sílabas que aparecen, obtendrás el nombre de los "tics" que efectúan los invidentes;

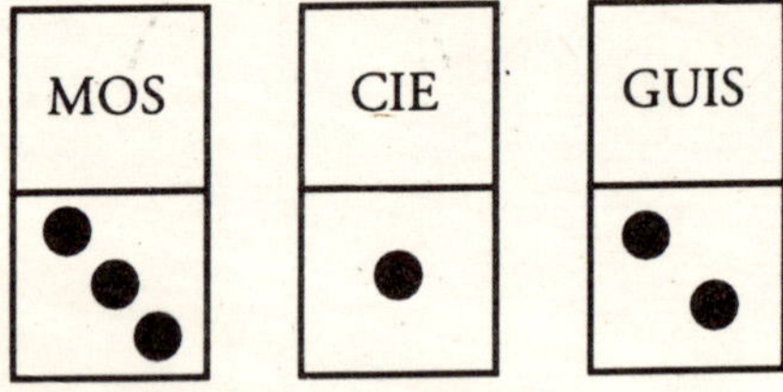

Estos movimientos de los invidentes reciben el nombre de

_______________.

Los espejos

¿Qué es un espejo?

En una superficie lisa y pulida que refleja la mayor parte de la luz que incide sobre ella dando lugar a la formación de imágenes. En un espejo podemos ver nuestra imagen cuando lo ponemos enfrente de nosotros.

Existen diferentes tipos de espejos, si quieres identificar algunos de éstos relaciona mediante líneas su forma con su nombre y características.

Tipo de espejo

Espejo plano. La superficie de éste es un plano.

Espejo cóncavo. Está formado por la parte interior de la superficie curva.

Espejo convexo. Está formado por la parte exterior de una superficie curva.

Representación gráfica

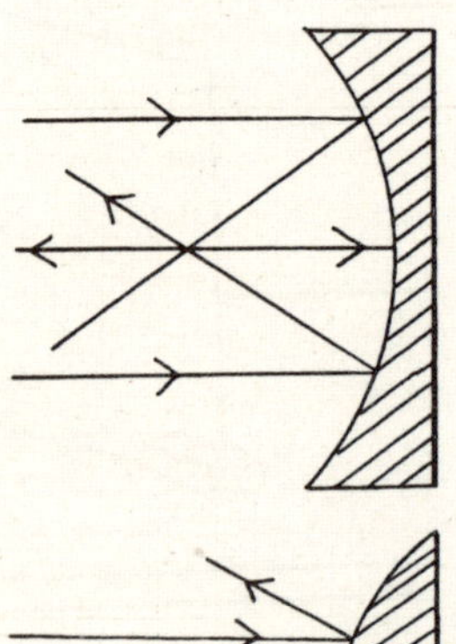

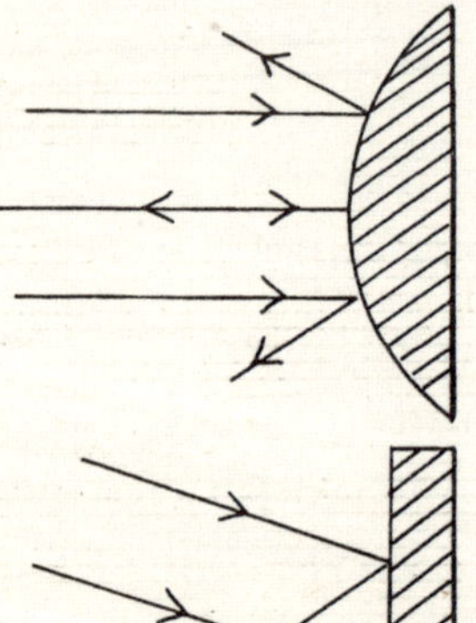

¿A quién ves cuando te paras frente al espejo?

Es probable que respondas que a ti. Si ésta fue tu respuesta, es preciso decirte que es errónea.

Es cierto que la imagen que observas en el espejo de ti mismo o misma se te parece, pero no es igual a ti.

Para convencerte, párate frente al espejo y observa tu imagen.

Si tienes un lunar en la mejilla izquierda, tu imagen no lo tendrá en ese lugar, sino en la mejilla derecha. Si te peinas a la izquierda, tu imagen se peina a la derecha.

Si llevas un reloj o una pulsera en la mano izquierda, tu imagen lo porta en la derecha, si escribes con la derecha, tu imagen lo hace con la izquierda.

Es oportuno señalar que el rostro y el cuerpo de la mayoría de las personas no son simétricos, pues el lado derecho no es exactamente igual al izquierdo. Por esta razón, al vernos en el espejo, la figura que aparece produce con frecuencia una impresión totalmente diferente a la nuestra.

Para verificar esto último, responde a lo siguiente:

Si tienes un lunar o una manchita en la cara, ¿la imagen que aparece en el espejo en dónde se halla?

Si tienes un ojo o una ceja ligeramente más grande, ¿en dónde se ubica en tu imagen en el espejo?

Si una de tus orejas es más grande, ¿en dónde se encuentra en tu imagen?

____

La imagen que observas en tu espejo es igual a ti, ¿por qué?

____

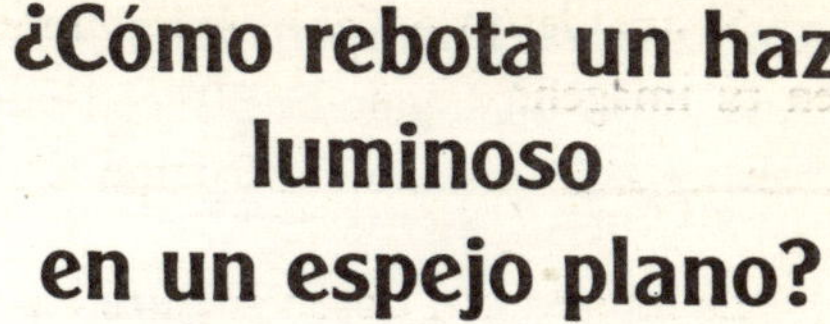

¿Cómo rebota un haz luminoso en un espejo plano?

En esta actividad comprobarás que un haz luminoso se refleja en un espejo plano con el mismo ángulo con que incide.

Qué necesitas

- Un espejo de 30x25 cm
- Una barra de plastilina
- Una placa cuadrada de unicel de 35 cm de lado
- Una regla
- Una hoja blanca
- Cuatro alfileres con cabeza de color
- Un transportador

Qué hacer

- En la hoja blanca traza una línea recta (AB) a la mitad de ésta y en el punto medio (punto P) traza una línea perpendicular (la normal) como se ilustra en la figura A.

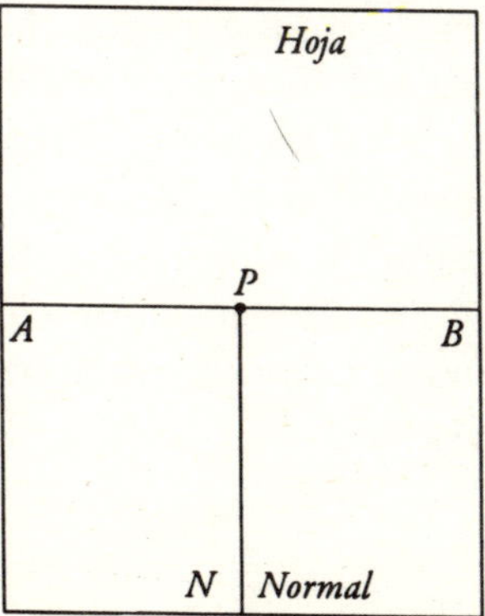

Figura A. En la hoja se trazan el segmento AB y la normal en el punto P

- Con ayuda del transportador y de la regla traza una recta PD que forme un ángulo de 30° con respecto a la normal y cuyo vértice esté ubicado en P, como se ilustra en la figura B.

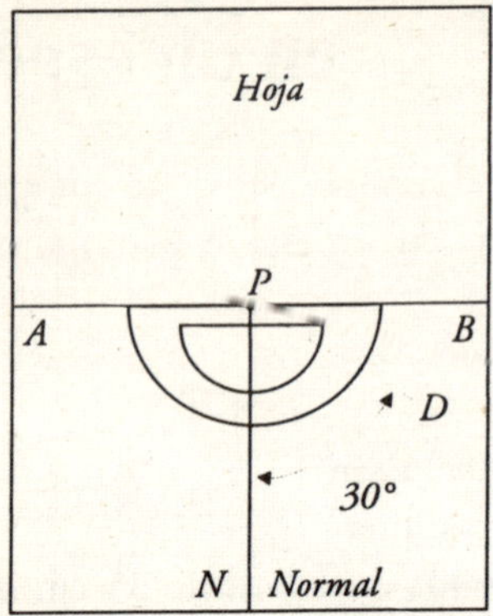

Figura B. Traza el segmento PD de manera que forme un ángulo de 30° con PN.

- Sobre la línea PD pincha dos alfileres separados entre sí, como se ilustra en la figura C. Esta línea materializará un haz luminoso incidente.
- Ahora, coloca otros dos alfileres más, de manera que estén alineados entre sí con las imágenes de los dos primeros colocados en PD.
- Una vez que estén alineados éstos dos alfileres, retíralos y por las marcas dejadas por éstos, traza una línea recta (PR) que deberá pasar por P (si no se cometieron errores grandes). Esta línea materializará el haz luminoso reflejado.
- Con el transportador mide el ángulo formado por lo segmentos PN y PR. Este ángulo se conoce como ángulo reflejado. Registra el resultado en la tabla 1. ¿Cómo es el valor de dicho ángulo?

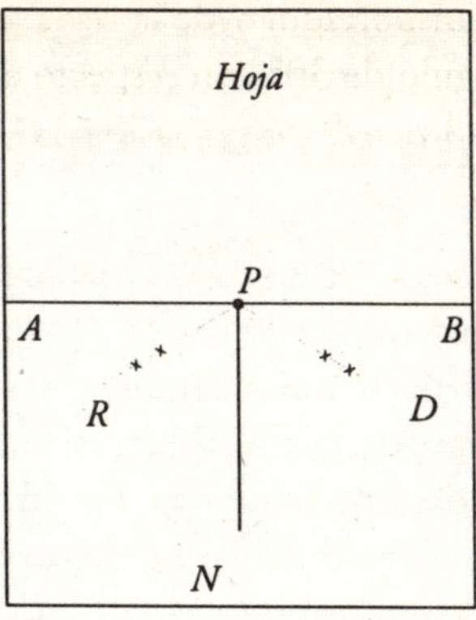

Figura C. Una vez que se hayan alineado los alfileres en PR con las imágenes de los alfileres en PD, se encuentra que los ángulos de incidencia y de reflexión son iguales.

Ángulo de incidencia	Ángulo de reflexión
30°	
45°	

- Repite el proceso anterior, pero en esta ocasión, la recta PD deberá formar un ángulo de 45° con la normal.

Qué sucedió

Al trazar el segmento PR se encuentra que forma un ángulo con la normal igual que el que esta normal hace con el segmento PD. Es decir, que un espejo plano, el haz luminoso incidente forma un ángulo con la normal igual al que forma el haz luminoso reflejado con la normal.

¿Qué características tiene la imagen que se forma en un espejo plano?

Estamos acostumbrados a vernos en un espejo, pero qué características tiene la imagen que se forma en el espejo.

Es conveniente señalar que cuando se mira un espejo, lo que se observa es una percepción subjetiva del mundo.

Los rayos luminosos provenientes de un objeto divergen en todas direcciones y al incidir en el espejo se reflejan (rebotan). Estos rayos reflejados son los que recibe el ojo, el cual los concentra en su retina para que el cerebro los prolongue de modo que parezcan provenir del interior del espejo. Por ejemplo, el punto luminoso P frente al espejo se percibe al verlo a través de él como si estuviera en P', en la intersección de la prolongación de los rayos reflejados detrás del espejo (figura A).

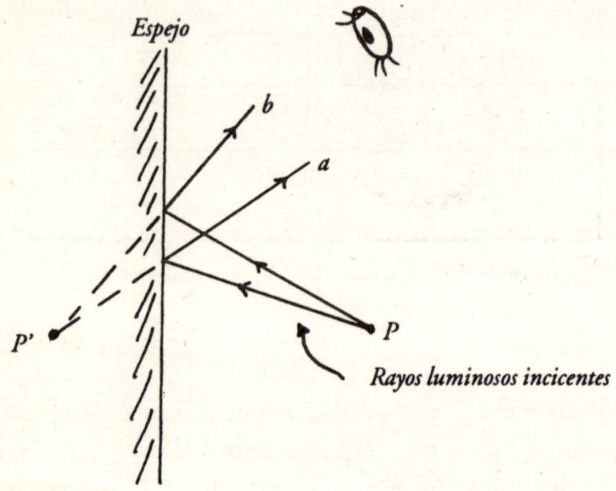

Figura A. Los rayos reflejados a y b parecen provenir de P'.

Las imágenes que se forman en los espejos no se pueden proyectar en una pantalla, ni tocar, pues sólo están en nuestra mente. A estas imágenes se les llama imágenes virtuales.

Si quieres conocer más características de las imágenes que se forman en un espejo plano, coloca las palabras faltantes en los espacios en blanco del siguiente texto, de acuerdo con la clave.

a) El _____________1 y la _____________2 virtual tienen el mismo _____________3.

b) La distancia de la imagen virtual al _____________4 es la misma que existe entre el objeto y el_____________4.

1. objeto
2. imagen
3. tamaño
4. espejo

¿A qué distancia están la imagen y el objeto del espejo?

En esta lección verificarás que las distancias a las que se encuentran el objeto y su imagen es la misma.

Qué necesitas

- Un espejo de 30 x 25 cm
- Una barra de plastilina
- Una barra cuadrada de unicel de 35 cm de lado
- Una regla
- Una hoja blanca
- Cinco alfileres con cabeza de color

Qué hacer

- Traza una línea recta hacia la parte media de la hoja blanca. Coloca sobre ella un espejo plano en posición vertical, propiciando que su arista reflejante alineada con la recta descanse en la hoja de papel, la cual se encuentra a su vez sobre la barra de unicel.
- Para esto, auxíliate con la plastilina para que el espejo permanezca vertical (figura A).

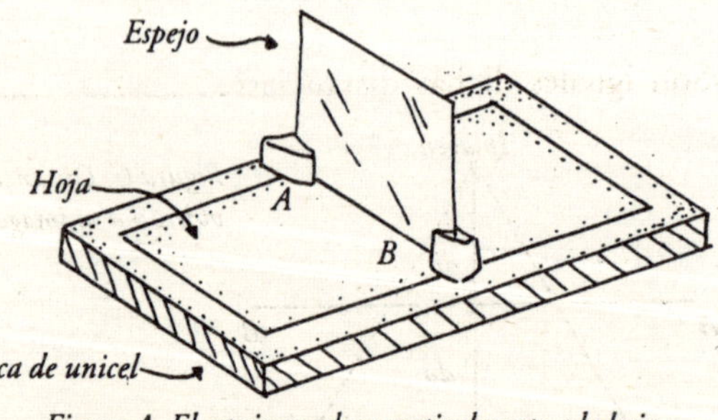

Figura A. El espejo se coloca verticalmente a la hoja sobre el segmento de recta.

- Pincha en el papel un alfiler a una distancia aproximada de 10 cm del espejo, frente a la cara reflejante.
- Observa desde la posición I la imagen reflejada del alfiler y pincha otros dos alfileres lo más separado posible entre sí, pero alineados con dicha imagen.
- Retira los alfileres y por las marcas dejadas (agujeritos) traza una línea recta con la regla. Repite esto mismo, pero desde la posición II (figura B).

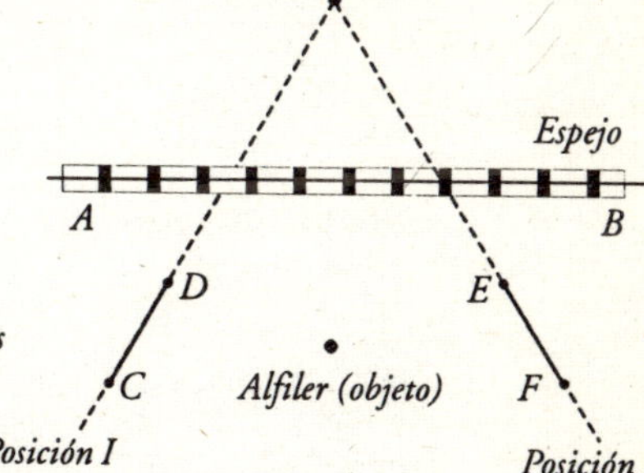

Figura B. Prolongación de los segmentos CD y EF.

- Retira el espejo y continúa las líneas que unen a cada par de alfileres, prolongándolos hasta que se crucen. En este punto de intersección está situada la imagen del alfiler-objeto.
- Finalmente, mide las distancias perpendiculares del objeto (do) y de la imagen (di) al espejo (figura C) y registra dichos valores en los siguientes espacios en blanco:

do = _______________

di = _______________

¿Son iguales dichas distancias? _______________

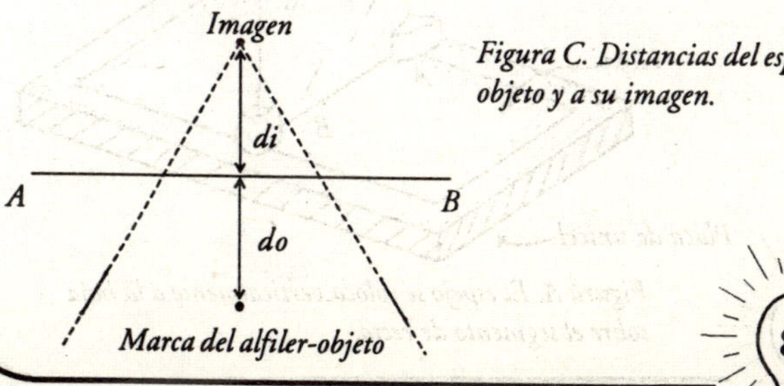

Figura C. Distancias del espejo al objeto y a su imagen.

Que sucedió

Al medir las distancias do y di deben ser iguales o muy parecidas; la diferencia que existe se debe a los errores que se cometen al medir o al alinear los alfileres que materializan los rayos luminosos. Es decir, el objeto y su imagen se encuentran a la misma distancia del espejo.

¿La imagen de un objeto en un espejo plano es menor que el objeto?

En esta actividad descubrirás que el tamaño de la imagen en un espejo plano es igual a la del objeto que la produce.

Qué necesitas

- Un espejo de 30 x 25 cm
- Una barra de plastilina
- Una placa cuadrada de unicel de 35 cm de lado
- Una regla
- Una hoja blanca
- Cinco alfileres con cabeza de color

Qué hacer

- Traza una línea recta AB hacia la parte media de la hoja blanca. Coloca sobre ella un espejo plano en posición vertical haciendo; que su arista reflejante, alineada con la recta, descanse sobre la hoja blanca, la cual se encuentra sobre la placa de unicel. Para que el espejo quede inmóvil en posición vertical coloca un poco de plastilina en los extremos del espejo como se muestra en la figura A.

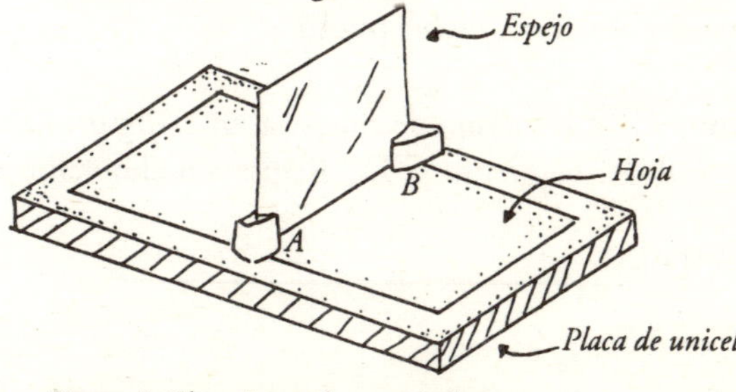

Figura A. El espejo se coloca verticalmente a la hoja sobre el segmento de recta AB.

- Dibuja un segmento de recta de 6 cm de longitud, paralelo al segmento AB a 5 cm de éste como se ilustra en la figura B

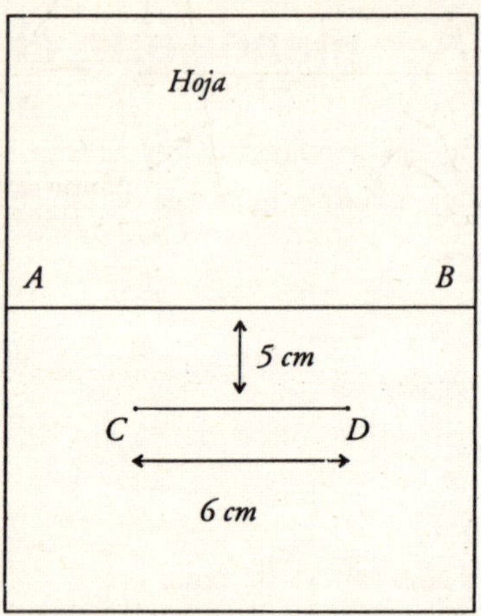

Figura B. El segmento de recta CD es paralelo al segmento AB.

- Pincha en el papel un alfiler en el punto C y obtén su imagen (C') siguiendo el procedimiento del experimento ¿A qué distancia están la imagen y el objeto del espejo?

- De la misma manera obtén la imagen D' del punto D, previa colocación de un alfiler en dicho punto.

- Une los puntos C' y D' como se muestra en la figura C y mide la longitud del segmento C'D'. Registra dicho valor a continuación:

Longitud de C'D' = ___________________________.

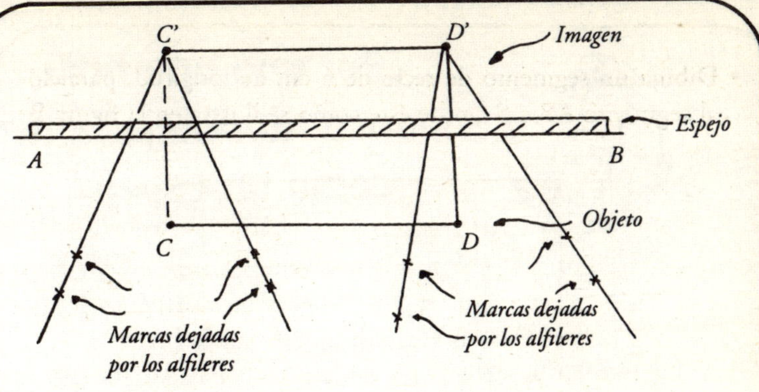

Figura C. Comparación de los tamaños de un objeto con su imagen en un espejo plano.

Que sucedió

Al medir el segmento C'D' se encuentra que su longitud es igual a la del segmento CD, con lo que se concluye que en un espejo plano, el objeto (CD) y su imagen (C'D') tienen el mismo tamaño.

¿Por qué una hoja blanca no refleja la luz como un espejo?

Nosotros nos vemos en un espejo, pero no en una hoja blanca, a pesar de que ambos objetos reflejan la luz.

Lo anterior, se debe a que en la hoja blanca la reflexión es difusa, pues al poseer una superficie áspera (irregular) la luz se refleja en todas direcciones (figura A).

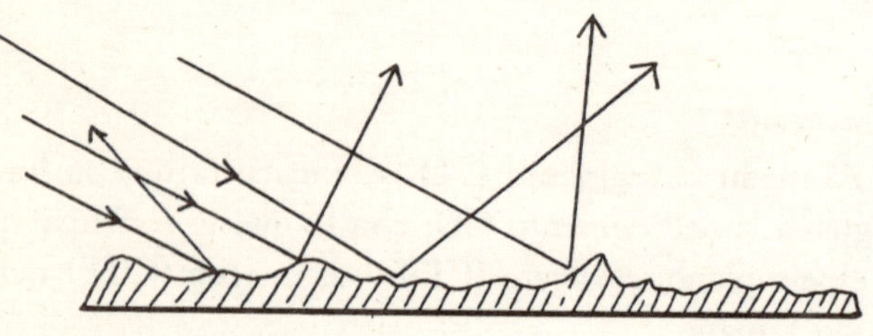

Figura A. En la hoja la reflexión es difusa.

Por lo contrario, al incidir la luz en el espejo, ésta se refleja en una sola dirección, debido a que su superficie está pulida sin irregularidades mayores a 0.00022 cm (figura B).

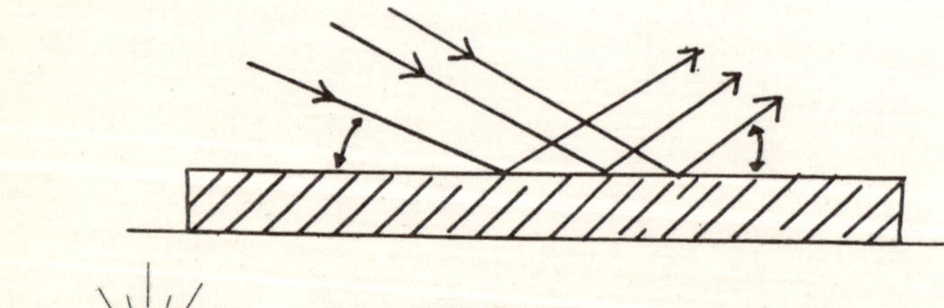

Figura B. En el espejo, el ángulo con que incide la luz es igual al ángulo con que rebota.

La reflexión que se presenta en el espejo se denomina reflexión especular.

De acuerdo con lo anterior, ¿qué tipo de reflexión es la que nos permite ver los objetos cuando son iluminados?

Respuesta: _________________________________.

¿Puede un objeto iluminar a otro?

En esta lección comprobarás que un objeto iluminado puede reflejar la luz para iluminar a otros objetos cercanos.

Qué necesitas
- Una cinta adhesiva
- Una cartulina blanca
- Una cartulina negra
- Hilo cáñamo
- Una lámpara
- Una pelota de esponja o de tenis
- Un amigo

Qué hacer
- Esta actividad la realizarás en una habitación que se oscurezca completamente.
- Pega la cartulina en el muro como se muestra en la figura A.
- Enfrente de la cartulina, pídele a tu amigo que suspenda la pelota con ayuda del hilo.
- Oscurece la habitación e ilumina la pelota dirigiendo el haz luminoso hacia la cartulina; observa la pelota.

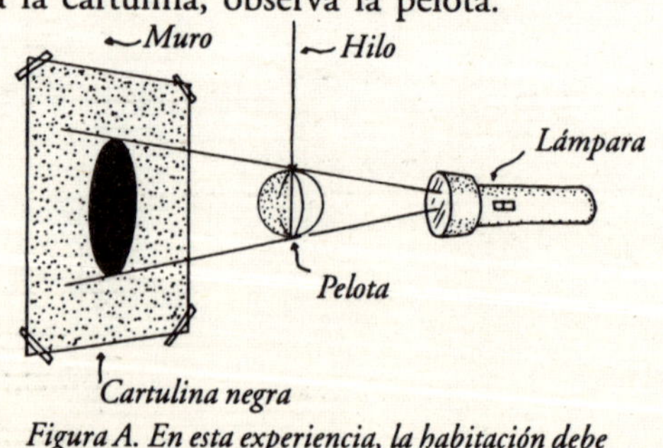

Figura A. En esta experiencia, la habitación debe estar completamente oscura.

- Repite la experiencia anterior, pero en esta ocasión la cartulina que se pone en el muro debe ser la blanca (figura B). ¿Se ilumina completamente la pelota? ¿Por qué?

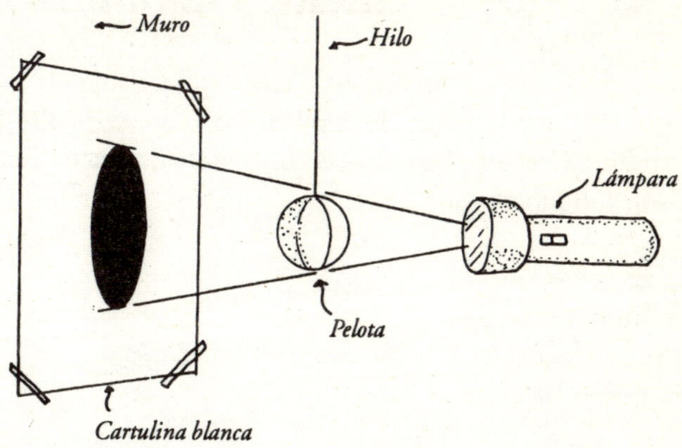

Figura B. En esta experiencia, la cartulina refleja la luz iluminando también a la pelota.

Qué sucedió

Cuando se puso la cartulina negra y se iluminó la pelota ésta fue visible pero sólo parcialmente (la parte iluminada), ya que la otra parte permaneció oscura. Sin embargo, al colocarse la cartulina blanca en el muro, la pelota se vio por completo al dirigir el haz luminoso de la lámpara hacia ella, pues la luz reflejada por la cartulina iluminó la superficie de la pelota, que no es iluminada directamente por la lámpara. Mientras que la cartulina negra absorbe la luz que incide sobre ella, la cartulina blanca refleja la luz incidente en todas direcciones, iluminando así los cuerpos que la rodean.

¿Se pueden convertir las hojas de un libro en fuentes luminosas?

En esta actividad verificarás que las páginas de un libro en la oscuridad son invisibles, pero en presencia de una lámpara encendida se vuelven luminosas.

Qué necesitas

- Un libro
- Una habitación que se oscurezca completamente
- Un foco o lámpara

Qué hacer

- Toma el libro y métete en la habitación.
- Apaga la luz, cierra la puerta del cuarto de manera que esté completamente oscuro y abre el libro, ¿se ve?, ¿puedes leer el contenido?
- Realizado lo anterior, enciende la luz y observa el libro abierto, ¿puedes leer sus páginas?

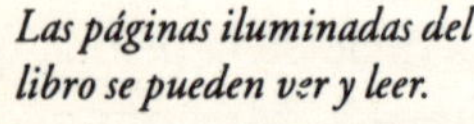
Las páginas iluminadas del libro se pueden ver y leer.

Qué sucedió

En ausencia de luz no se pueden leer las páginas del libro, ya que no emiten luz. Sin embargo, se vuelven visibles cuando reflejan la luz que reciben de la lámpara o del foco encendido.

Así como la lámpara o el foco se convierten en fuentes luminosas primarias, los objetos iluminados como el libro o sus páginas se vuelven fuentes luminosas secundarias si difunden la luz que reciben.

¿Qué tamaño debe tener un espejo para que te veas de cuerpo entero?

Seguramente dirás que para que te veas de cuerpo entero necesitas tener un espejo plano de tu estatura.

Sin embargo, si no dispones del dinero suficiente para comprar un espejo de tu tamaño, pero si para comprar uno menor, ¿cuál sería la longitud mínima de éste?

Para responder a esta pregunta, recuerda que el tamaño de la imagen producida por un espejo plano es justamente igual a la del objeto que la produce y se encuentra al igual que el objeto a la misma distancia del espejo.

Entonces considera que en la figura A apareces tú, el lugar donde debe ir el espejo y tu imagen.

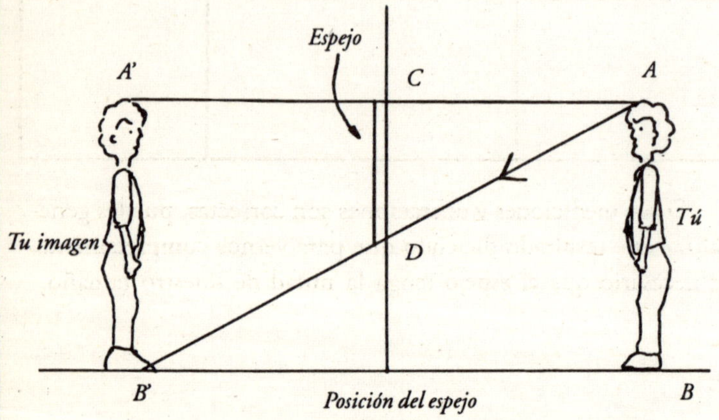

Figura A. La dimensión mínima del espejo está dada por el segmento CD.

Si con ayuda de una regla se trazaron los segmentos AA' y AB' que le permitirán a AB (o sea a tí) ver los pies y la parte superior de la cabeza de A'B' (tu imagen).

Dichos segmentos se cruzan en los puntos C y D de la línea vertical (en donde debe ir el espejo).

Mide en la figura A los segmentos AB y CD. Si el segmento AB representa tu estatura y el segmento CD el tamaño del espejo. Entonces al dividir el segmento CD/AB, sabrás que tan pequeño debe ser el espejo con respecto a tu estatura para que te veas de cuerpo entero.

Registra tus medidas en la siguiente tabla.

Tabla 1. Dimensión del espejo.

Segmento AB (tú) (cm)	Segmento CD (Espejo) (cm)	CD/AB

Si tus mediciones y operaciones son correctas, puedes generalizar este resultado diciendo que para vernos completamente, es necesario que el espejo tenga la mitad de nuestro tamaño.

¿Cómo te ven tus amigos?

En esta actividad podrás verte como te ven los demás.

Qué necesitas
- Dos espejos de 30 x 25 cm
- Un bilé o lápiz de labios
- Plastilina
- Algodón

Qué hacer
- En una de tus mejillas hazte un dibujo con el bilé o lápiz de labios.
- Coloca verticalmente un espejo sobre la mesa y fíjalo con la plastilina.
- Mírate en el espejo y observa tu reflejo, ¿de qué lado aparece la mejilla maquillada?, ¿así te ven tus amigos?
- Ahora, pon juntos los dos espejos de modo que formen un ángulo entre sí como se muestra en la figura. Mueve los espejos hasta que logres ver tu cara completa en donde se unen los dos espejos, ¿de qué lado aparece la mejilla pintada?, ¿así te ven tus amigos?

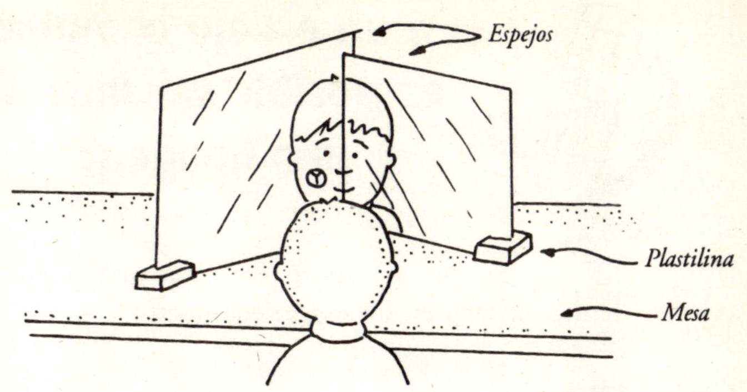

Con la plastilina mantén verticales los espejos y muévelos hasta que te veas como te ven tus amigos.

Qué sucedió

Si te ves en un solo espejo, el reflejo que se aprecia no es igual a ti, ya que tiene la mejilla pintada en el lado contrario.

Sin embargo, con los dos espejos unidos formando un ángulo, el reflejo de la mitad izquierda de tu cara se refleja en el espejo del lado derecho, que lo refleja hacia ti, y el reflejo de la mitad derecha se le nota en el espejo del lado izquierdo que a su vez lo envía hacia ti. De manera que se obtiene una imagen de cómo eres realmente y que corresponde a lo que ven tus amigos.

¿En un espejo compuesto es posible ver más de una imagen?

En esta actividad **verificarás** que es posible ver más de una imagen en **un** espejo compuesto.

Qué necesitas

- Dos espejos de 30x25 cm
- Una regla
- Una cartulina
- Un transportador
- Un lápiz
- Una barra de plastilina

Qué hacer

- Sobre la cartulina traza **un** ángulo de 90° con ayuda del transportador y la regla.
- Sobre dichas líneas coloca perpendicularmente los dos espejos como se muestra en la **figura A**. Auxíliate de las barras de plastilina para que los **espejos** queden fijos y perpendiculares entre sí.

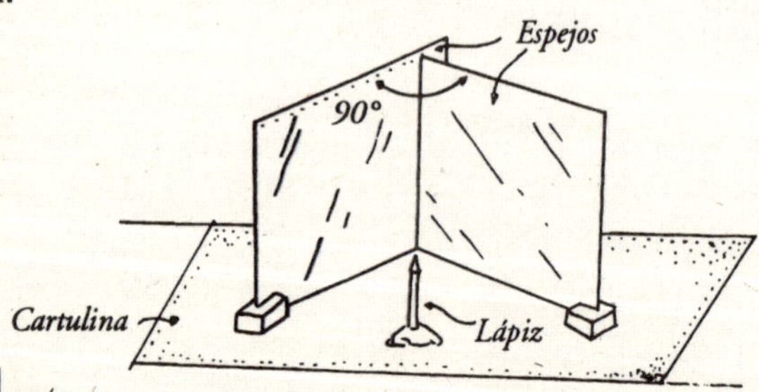

Figura A. *La unión de dos espejos planos que forman un ángulo **entre sí** reciben el nombre de espejo compuesto.*

- Coloca entre los espejos, el lápiz como se muestra en la figura A y registra en la tabla 1, el **número** de imágenes que se forman del lápiz en dicho espejo compuesto.
- Repite el proceso anterior, **para ángulos** entre los espejos de 60° y 45°. En cada caso **registra** el número de imágenes formadas.

*Tabla 1. Imágenes en **un espejo** compuesto*

Ángulo entre los espejos	Número de imágenes formadas
90°	
60°	
45°	

Que sucedió

Se observa que conforme **disminuye** el ángulo que forman entre sí los dos espejos, el **número** de imágenes formadas se incrementa. Esto se debe **a las múltiples** reflexiones entre los dos espejos que forman el **espejo compuesto**.

¿Cuántas imágenes de un objeto se pueden formar entre dos espejos paralelos?

En esta actividad reconocerás que el número de imágenes que se forman de un objeto entre dos espejos planos paralelos es muy grande.

Qué necesitas

- Dos espejos planos de 30x25 cm
- Dos barras de plastilina
- Una hoja blanca tamaño carta
- Un alfiler con cabeza de color
- Una placa cuadrada de unicel de 35 cm. de lado

Qué hacer

- Sobre la placa cuadrada de unicel coloca la hoja blanca.
- Apoya perpendicularmente los dos espejos sobre la hoja blanca. Entre ellos debe existir una separación de 15 cm. Utiliza la plastilina para mantenerlos perpendiculares.
- Pincha el alfiler sobre la hoja, entre los dos espejos, de manera que quede a igual distancia de ellos (figura A)

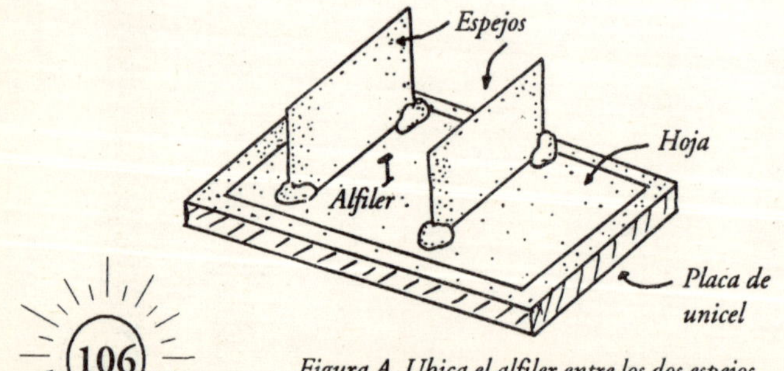

Figura A. Ubica el alfiler entre los dos espejos.

• Mira por un costado de uno de los espejos, ¿cuántos reflejos del alfiler observas?, ¿Son todos del mismo tamaño?, ¿estos reflejos se ven a la misma distancia del espejo?

Que sucedió

Al mirar un espejo por encima del otro se observa una infinidad de reflejos del alfiler que se pierden a la distancia. Estas imágenes se van alejando cada vez del espejo. En la figura B se muestran los primeros reflejos del alfiler ubicado en 0.

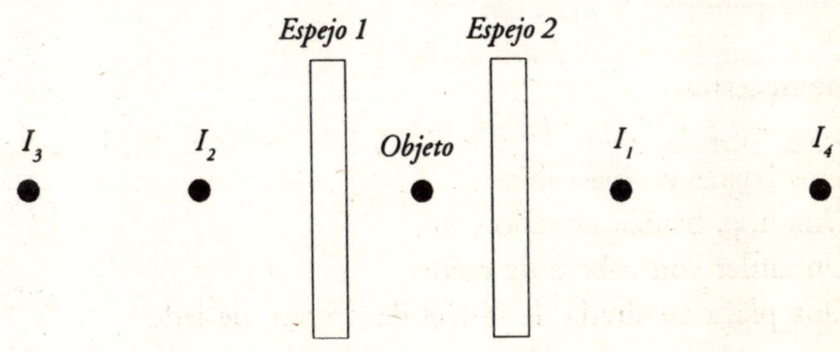

Figura B. Las imágenes I_1 y I_2 son el reflejo en los espejos del alfiler objeto 0 y la imagen I_3 es el reflejo de I_1 e I_4 es el reflejo de I_2.

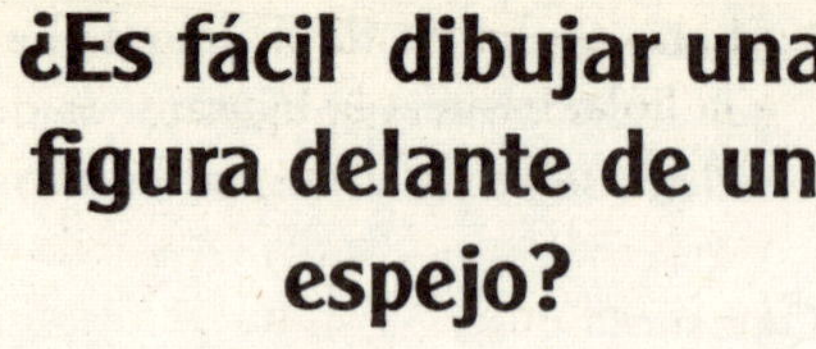

¿Es fácil dibujar una figura delante de un espejo?

En esta actividad reconocerás la dificultad que se tiene al dibujar una figura viendo sólo el espejo.

Qué necesitas
- Un espejo de 15 x 20 cm
- Una hoja blanca tamaño carta
- Un lápiz
- Papel carbón
- Una regla
- Plastilina

Qué hacer
- Con ayuda del papel carbón y la regla, calca la figura A a la mitad de la hoja blanca, cerca de uno de sus bordes.

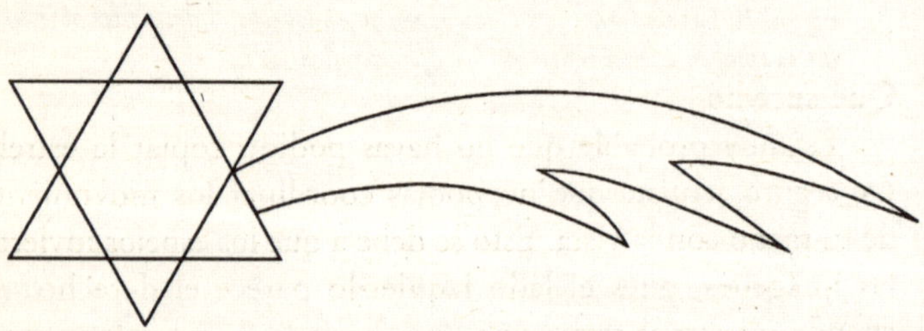

Figura A. Estrella a dibujar.

- Ahora, con la plastilina coloca el espejo perpendicularmente a la hoja, frente a la figura.
- Viendo todo el tiempo la figura y lo que estás dibujando a través del espejo, copia la estrella en la hoja como se ilustra en la figura B. No trates de ver directamente lo que dibujas, ¿es fácil dibujar en estas condiciones?, ¿lo lograste?

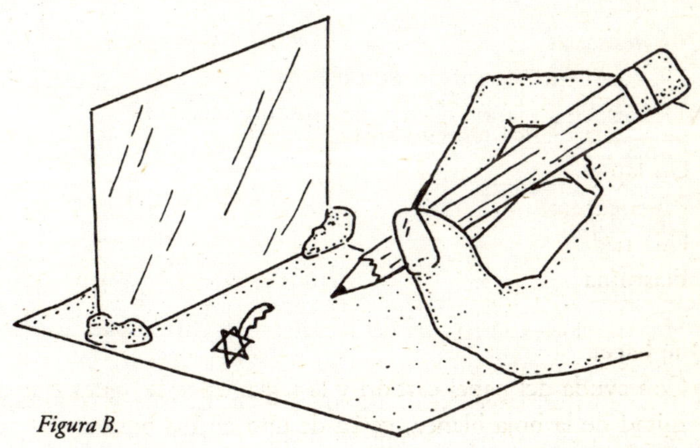

Figura B.

Qué sucedió

Es muy probable que no hayas podido copiar la estrella. De seguro sentiste que no podías coordinar los movimientos de tu mano con la vista. Esto se debe a que los espejos invierten las imágenes, pues el lado izquierdo parece el derecho. Así cuando queremos trazar una línea hacia la derecha, la mano se dirige a la izquierda.

¿Cómo construir un periscopio?

En esta lección construirás un periscopio con material casero.

Qué necesitas

- Un recipiente de cartón de un litro
- Dos espejos planos iguales de tamaño adecuado
- Cinta adhesiva
- Tijeras o un cúter
- Una regla

Qué hacer

- Haz tres cortes a una cara del recipiente de cartón para abrirlo, como se muestra en la figura A.
- Traza dos ventanas cuadradas de 3.0 cm de lado y centradas en dos caras opuestas como se ilustra en la figura A.
- Corta con cuidado dichas ventanas.

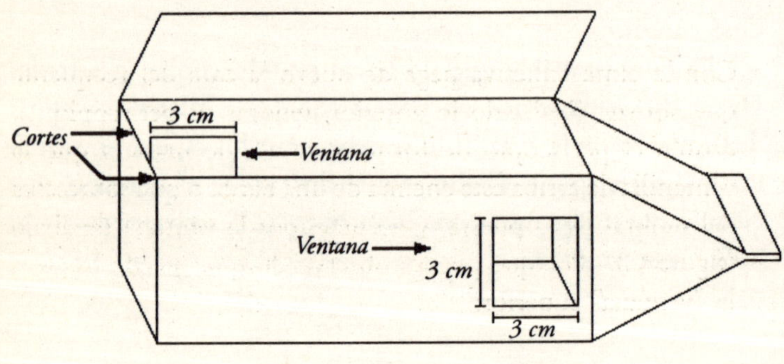

Figura A. Haz tres cortes en el recipiente de cartón.

- Consigue dos espejos del tamaño adecuado para colocarlos dentro del recipiente. Puedes mandarlos hacer en una vidriería.

- Pega con la cinta adhesiva los dos espejos en el recipiente como se nota en la figura B. Deben quedar paralelos y centrados los espejos con respecto a las ventanas, así como formar un ángulo de 45° con las caras del recipiente.

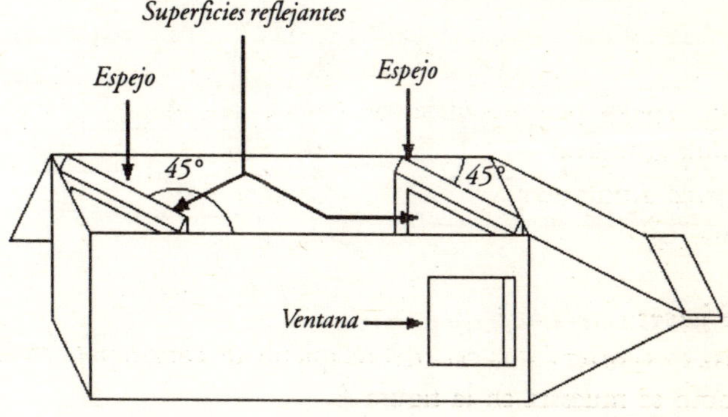

Figura B. Los espejos deben estar paralelos entre sí.

- Con la cinta adhesiva pega de nuevo la cara del recipiente que abriste. Realizado lo anterior, tendrás tu periscopio.

- Sostén el periscopio de forma vertical, de manera que la ventanilla de arriba esté encima de una barda o que sobresalga del umbral de la puerta, y asómate por la ventana de abajo (figura C). ¿Por qué puedes observar lo que sucede frente a la "ventana" superior?

Figura C. Cómo utilizar el periscopio.

Qué sucedió

Puedes ver lo que está frente a la ventana superior debido a que la luz emitida o reflejada por los objetos incide en el espejo superior, el cual la refleja hacia el espejo inferior y éste a su vez la envía hacia la ventana inferior.

Al viajar la luz en línea recta e incidir en los espejos se refleja, de modo que al entrar por una de las ventanillas sale por la otra (figura D); el ángulo que forma la normal al espejo con el haz incidente es igual al ángulo creado por el haz reflejado y la normal.

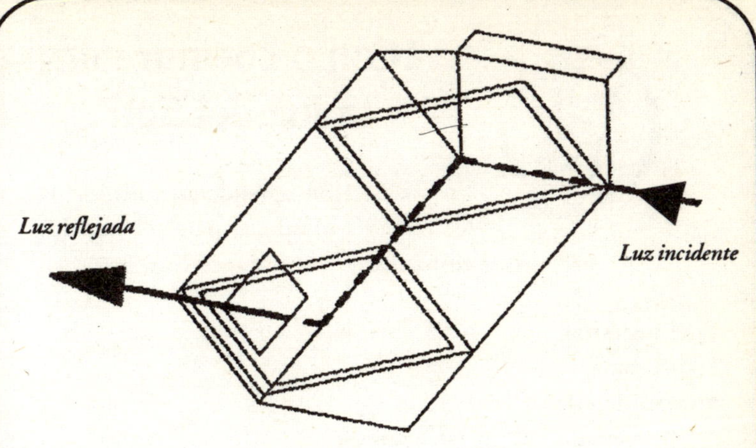

Figura D. El periscopio te permite ver sin ser visto.

El periscopio es el dispositivo óptico que utilizan los submarinos cuando están sumergidos en el mar para observar lo que sucede en la superficie.

¿Cómo cocinar con la luz del Sol?

En esta lección aprenderás a utilizar la luz (energía lumínica) para calentar los alimentos.

Qué necesitas
- Una papa
- Papel de estaño
- Un recipiente de metal redondo
- Un tenedor
- Cinta adhesiva

Qué hacer
- Forra el interior del recipiente metálico con el papel estaño, con el lado brillante hacia arriba.
- Sujeta bien el papel estaño al recipiente con la cinta adhesiva.
- Pincha la papa con el tenedor en varias secciones de ella y colócala en el centro del recipiente.
- Ubica el recipiente con todo y papa mirando hacia el Sol, como se muestra en la figura A.

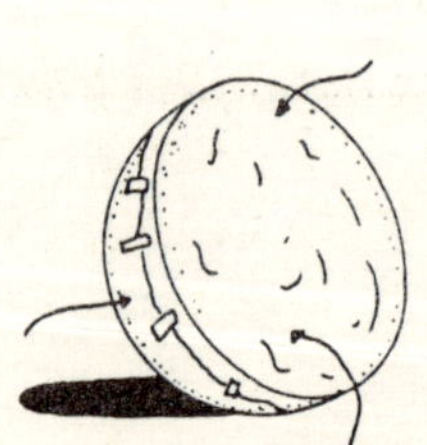
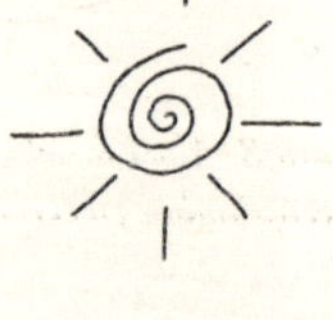

Figura A. Dirige el recipiente hacia el Sol, manteniendo la papa en el centro.

- Para que la papa se pueda cocinar se requiere que realices esta experiencia en un día soleado, cerca del mediodía.
- Conforme el Sol cambie de posición mueve el recipiente dirigiéndolo hacia él. Una vez que se haya cocinado la papa, puedes comerla agregándole los condimentos de tu agrado.

Qué sucedió

La luz del Sol emite las radiaciones infrarrojas (que no podemos ver), las cuales son responsables del calentamiento de la papa. Al incidir la luz en el interior metálico se refleja para incrementar el calentamiento de la papa (figura B).

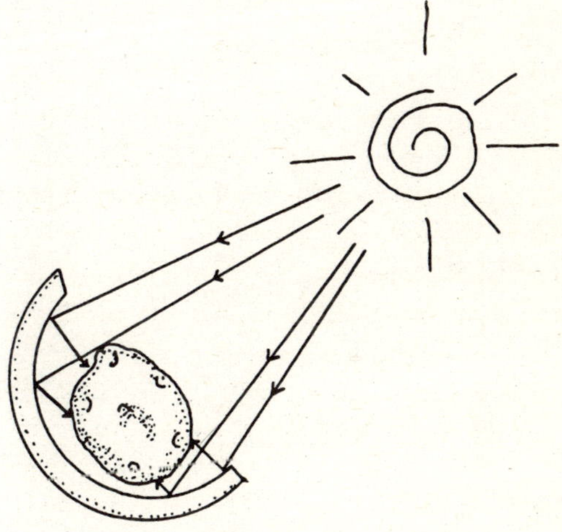

Figura B. Al ser metálico el interior del recipiente la luz se refleja concentrándose en el centro.

El color

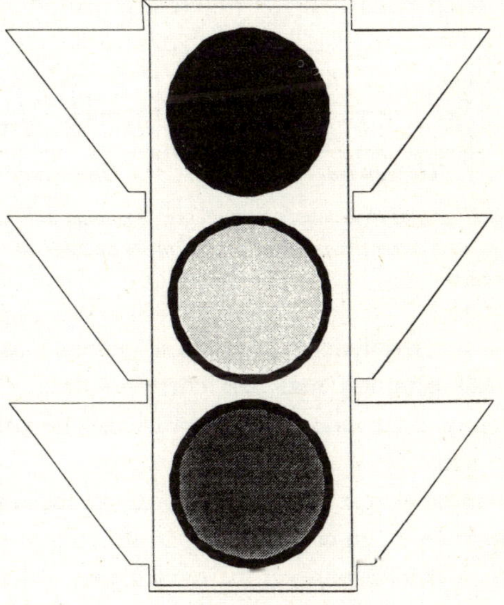

¿De qué color son los objetos?

De seguro dirás que los objetos tienen el color que percibimos con el sentido de la vista.

Pues bien, para los científicos los objetos y la luz que emiten o reflejan son totalmente incoloros.

Los colores sólo existen en nuestra cabeza. De no ser por las características particulares de nuestros ojos y la facultad de nuestro cerebro para interpretar las diferentes frecuencias de la luz que reflejan o emiten los objetos, el mundo no tendría colores.

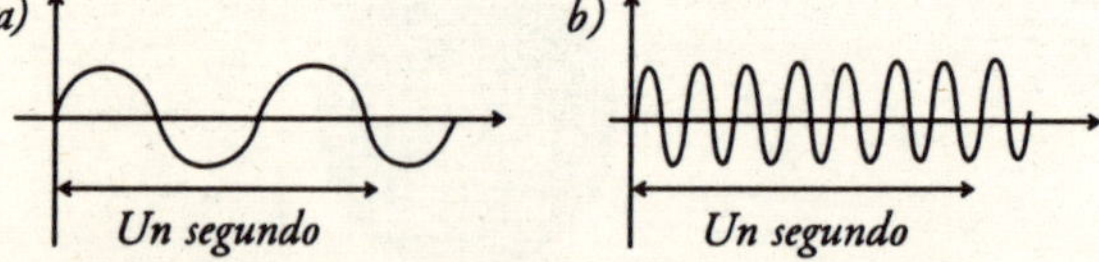

La onda luminosa b) tiene mayor frecuencia que la onda luminosa a). Esta diferencia es interpretada por nuestra vista por un color característico para cada onda.

Las distintas frecuencias de la luz se perciben como colores diferentes: la frecuencia más baja corresponde al rojo, la más alta al violeta y entre ellas una gran variedad de colores como los del arco iris.

Si quieres saber por qué son importantes los conos para la visión de los colores, en el siguiente párrafo coloca las vocales o y e de manera conveniente en los espacios en blanco.

Exist_n c_n_s d_ tr_s clas_s y cada uno _s s_sibl_ a la luz d_ d_t_rminada fr_cu_ncia; una clas_ d_ c_n_s r_gistra ci_rtas fr_cu_ncias c_m_ distint_s matic_s d_ azul, l_s _tr_s c_n_s s_l_ "v_n" _l r_j_, y _tr_s más _l v_rd_. El c_r_br_ al m_zclarl_s en div_rs_s grad_s f_rma t_d_s l_s d_más c_l_r_s qu_ pintan _l mund_ tal cual l_ vem_s.

¿De qué color es la hoja?

En esta actividad podrás observar cómo cambia el color de una hoja.

Qué necesitas

- Una hoja blanca
- Una lámpara
- Una cartulina verde
- Una cartulina roja
- Una cartulina azul

Qué hacer

- En una habitación que se pueda oscurecer coloca la hoja blanca sobre una mesa.
- Pon la cartulina roja de manera perpendicular a la hoja como se muestra en la figura. Mira el color de la hoja blanca.

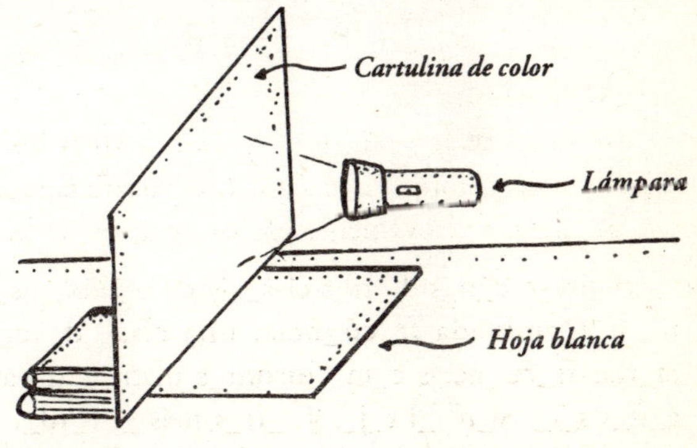

Ilumina la cartulina con la lámpara cuando se haya oscurecido la habitación.

- Oscurece la habitación y con la lámpara ilumina la cartulina; observa la hoja, ¿de qué color se ve?
- Repite lo anterior con las otras cartulinas.

Qué sucedió

La hoja se ve blanca al iluminarse con la luz del Sol o de la lámpara. Sin embargo, es roja cuando recibe la luz reflejada de la cartulina roja. De la misma manera, aparece verde al iluminarla con la luz proveniente de la cartulina verde. Si recibe la luz reflejada por la cartulina azul se ve azul. De lo anterior se deduce que un objeto iluminado puede colorear los cuerpos blancos cercanos del color de dicho objeto.

¿Puede cambiar el color de la tela al salir o entrar a un almacén?

En esta actividad comprobarás que el color de un objeto depende de la luz que lo ilumina.

Qué necesitas

- Pedazos de tela de diferentes colores
- Una habitación con una lámpara incandescente
- Una habitación con una lámpara fluorescente

Qué hacer

- En la habitación iluminada con una lámpara incandescente observa los pedazos de tela. Mira sus colores.
- Posteriormente, mira dichos pedazos de tela en la habitación iluminada con la lámpara fluorescente; registra los colores, ¿son iguales?, ¿qué observas?
- Finalmente, bajo la luz del día ve los colores de la tela: ¿el color cambió?, ¿a qué crees que se deba?

Los colores de las telas no resultan idénticos cuando se iluminan con la luz del día que con la luz de las lámparas incandescentes o fluorescentes.

Qué sucedió

Las telas, como cualquier objeto, pueden reflejar luces cuya frecuencia se presente en la luz que las ilumina. Así, la lámpara incandescente que emite luz con frecuencias bajas realza los rojos. Por otra parte, las lámparas fluorescentes ricas en frecuencias altas realzan los azules. Este hecho lo deben considerar las maquillistas y diseñadores de ropa. Por lo tanto, una mujer que se ve con labios muy rojos bajo la luz de una lámpara incandescente, bajo la luz de una lámpara fluorescente sus labios se notarán menos intensos.

¿Cómo construir una cámara de colores?

En esta actividad reconocerás que el color de los objetos depende de la luz que los ilumine.

Qué necesitas

- Una caja de zapatos con tapa
- Cinta adhesiva
- Unas tijeras
- Una regla
- Un lápiz
- Papel celofán de diversos colores
- Una lámpara o linterna
- Objetos pequeños de distintos colores (botones, lápices, pelotas, gomas, etcétera.)
- Un amigo

Qué hacer

- Traza un cuadro grande en la tapa de la caja con la regla y el lápiz y córtalo con ayuda de las tijeras.
- Abre una ranura angosta en un costado de la caja, como se ilustra en la figura.
- Corta un cuadrado de papel celofán de cada color un poco más grande que la abertura que se hizo en la tapa.
- Introduce los objetos en la caja y tápala.
- Cubre la abertura con uno de los cuadrados de papel celofán por ejemplo el rojo, y fíjalo con cinta adhesiva.

- Pídele a tu amigo que ilumine con la lámpara desde arriba, a través de la abertura con celofán el interior de la caja mientras oscureces la habitación donde se encuentran.
- En estas condiciones observa por la ranura del costado los objetos que se hallan dentro; ¿de qué color o colores se ven? Repite todo lo anterior con cada uno de los colores de papel celofán y registra los resultados.

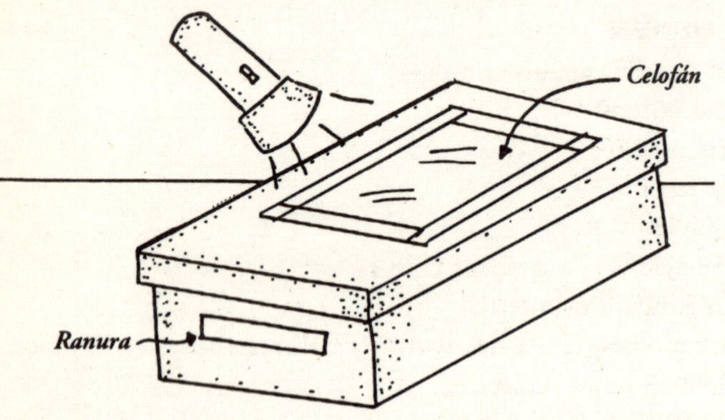

Figura. Cámara de colores

Qué sucedió

El papel celofán rojo deja pasar la luz hacia el interior de la caja cuando se ilumina con la lámpara, de manera que sólo la luz roja penetra, iluminando los objetos que están dentro; los objetos rojos se ven de su color, pero los objetos que son verdes o de cualquier otro color ya no se notan verdes, ni amarillos, ni azules, etc.; se ven café oscuro o gris oscuro, pues no reflejan la luz roja, la absorben. Algo similar sucede al cambiarse el papel celofán, por ejemplo al poner el verde, lo objetos del mismo color a la luz del día ahora son verdes.

¿Cómo formar más colores?

En esta actividad comprobarás que a partir de luces de colores primarios puedes formar otros colores.

Qué necesitas

- Tres lámparas sordas
- Papel celofán rojo
- Papel celofán azul
- Papel celofán verde
- Una cartulina blanca
- Una habitación que se puede oscurecer
- Cinta adhesiva

Qué hacer

- En una habitación que se pueda oscurecer, coloca la cartulina blanca en uno de los muros, pégala con cinta adhesiva.
- Cubre con un pedazo de papel celofán el frente de una de las lámparas. Cubre otra con verde y otra con rojo. Para que no se caigan los papeles de colofán pégalos con cinta adhesiva.
- Apunta la lámpara con celofán rojo hacia la cartulina blanca.
- Oscurece la habitación mientras se enciende la lámpara, ¿qué observas? Repite esto con las otras dos lámparas de manera separada .
- Ahora toma dos lámparas, la de la luz roja y la de la luz verde y dirige sus haces luminosos simultáneamente sobre la misma área de la cartulina blanca, ¡cuántos colores observas ahora!

Registra tus observaciones en la siguiente figura

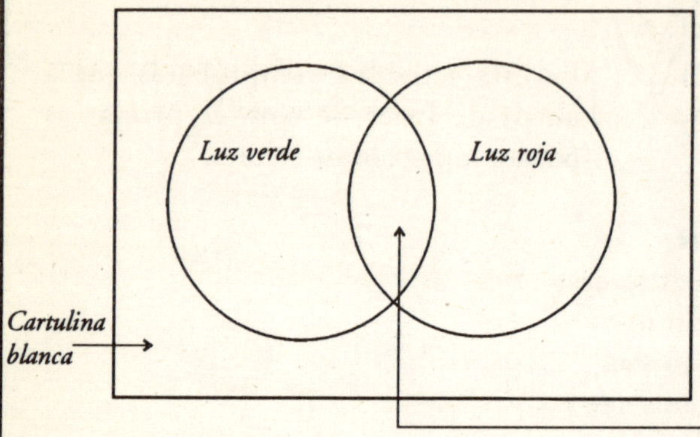

Figura. La combinación de dos colores primarios da origen a nuevos colores.

- Ahora toma las tres lámparas y dirige sus haces luminosos a un punto de la cartulina, ¿qué color se ve en la intersección de los tres haces luminosos?

Qué sucedió

Las luces de colores se pueden combinar con otras luces de color para dar lugar a luces de nuevos colores. Así, la luz roja y la luz verde se combinan para dar luz amarilla. También se observa que iguales cantidades de luces verdes, rojas y azules dan la luz blanca.

¿Cómo obtener el color blanco?

En este experimento verificarás que el color blanco es la combinación de todos los colores.

Qué necesitas

- Un círculo de 6 cm de radio de papel ilustración
- Un lápiz con goma
- Un transportador
- Un alfiler o una tachuela grande
- Lápices de colores

Qué hacer

- Por el centro del círculo traza una línea recta que vaya de extremo a extremo.
- Con ayuda del transportador y a partir de la línea trazada, haz otras líneas sobre el papel ilustración cuyo ángulo entre ellas sea de 30 grados (figura A).

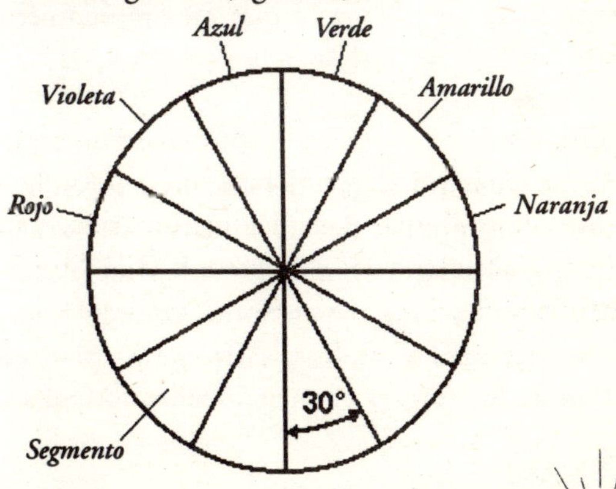

Figura A. Colorea todos los segmentos del círculo de papel ilustración.

- Colorea los segmentos con los seis colores siguientes y en este orden: rojo, naranja, amarillo, verde, azul y violeta, y así sucesivamente, hasta iluminar todos los segmentos.
- Clava el alfiler en el centro del círculo de cartón y luego en la goma del lápiz, tal como se muestra en la figura B.

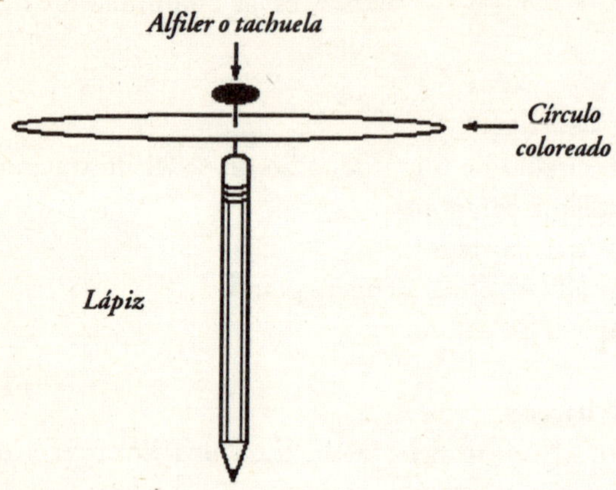

Figura B. El alfiler o tachuela debe clavarse en el centro del círculo.

- Toma el lápiz con una mano y con los dedos extendidos de la otra impulsa el círculo hasta que gire rápidamente. ¿Qué observas?

Qué sucedió

Conforme aumentó el giro del círculo coloreado, se volvió blanco. Esto confirma los descubrimientos de Isaac Newton, quien halló que al pasar un haz de luz solar (luz blanca) por un prisma, el haz se descompone en varios colores: rojo, naranja, amarillo, verde, azul y violeta. Asimismo, planteó que la combinación de los colores ya mencionados formaban el color blanco.

¿Las mujeres ven mejor los colores de un objeto que los hombres?

Las mujeres y los hombres que tienen una visión normal es muy probable que sí vean los mismos colores, aunque seguramente con ciertas variaciones en cuanto a intensidad y matiz.

Sin embargo, se ha descubierto que la ceguera a los colores se presenta con mayor frecuencia en los hombres, y muy pocas mujeres tienen este problema.

La razón es que el gene relacionado con la visión de los colores se encuentra en el cromosoma X, del cual los hombres sólo poseen uno, mientras que las mujeres tienen dos; así, para que una mujer fuese ciega de nacimiento a ciertos colores, sus cromosomas X tendrían que estar defectuosos, lo cual sucede muy pocas veces. Pero si la mujer tiene problemas con uno de sus cromosomas, aunque ella vea bien los colores, sus hijos varones pueden heredar la ceguera a los colores.

Si deseas saber el color de la piel de las personas que están más propensas a este defecto visual, encuentra la salida del laberinto.

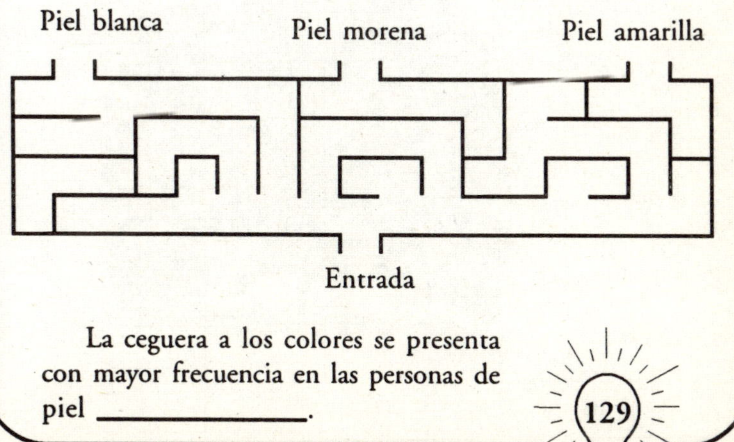

La ceguera a los colores se presenta con mayor frecuencia en las personas de piel _______________.

¿Por qué los machos de ciertas especies de aves son de colores?

Los colores de las aves les ayudan a sobrevivir de diversos modos. Les sirven para atraer a la pareja o para ocultarse.

Puesto que las aves sí ven los colores, los machos despliegan sus plumas vistosas para atraer a las hembras. Por el contrario, las hembras son de colores poco llamativos, que les permiten ocultarse de sus enemigos cuando están empollando.

Si quieres conocer el nombre de un ave macho que, además de poseer plumas de hermosos colores, se cuelga de cabeza y agita las alas hacia arriba y hacia abajo para llamar la atención de las hembras, coloca las vocales A, I y O en orden conveniente en los espacios en blanco.

Se trata del ave del P__R__ __S__

¿Son adecuados los colores de las luces de los semáforos?

Si tú eres una persona que identificas todos los colores dirás que sí, pero el 10 por ciento de la población que tiene dificultad para verlos dirá que no.

La mayoría de las personas parcialmente ciegas al color pueden formar todos los matices que pueden ver sólo a partir del azul y amarillo, y no pueden distinguir la diferencia entre verde y rojo, precisamente dos de los colores de las luces de los semáforos. Para ellas, estas luces son grisáceas. (figura A).

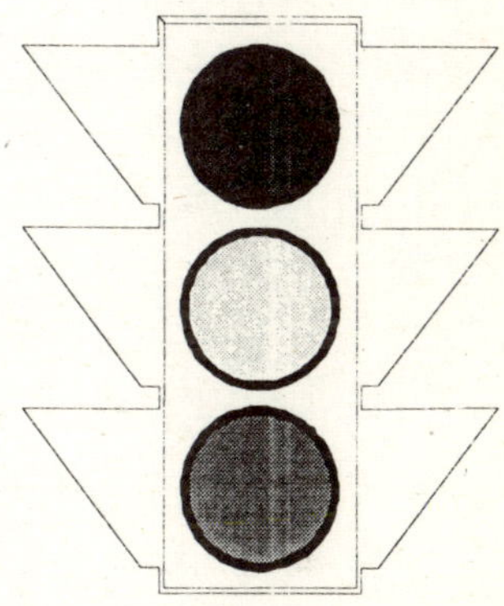

Si los ingenieros de tránsito hubieran considerado este hecho quizá se hubiesen evitado muchos accidentes de tránsito.

La situación de que las personas no puedan ver ciertos colores es un trastorno hereditario, el cual se debe a la falta total o parcial de determinados conos de la retina. Los colores que no se ven dependen en gran parte del tipo de cono ausente.

Si faltarán los tres tipos de conos, ¿cómo verían las personas?. Si quieres conocer la respuesta encuentra la salida del laberinto.

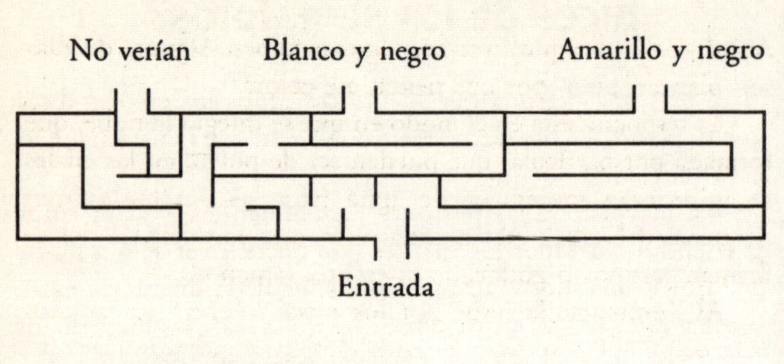

No verían
Blanco y negro
Amarillo y negro
Entrada

¿Por qué las nubes se ven blancas?

Al mirar el cielo, quizá veamos **algunas** nubes. Algunas de ellas son blancas, pero ¿por qué tienen ese color?

La respuesta está en el **modo en** que se integra la nube, que formada por partículas que **pueden** ser de polvo, en las cuales se aglomeran moléculas de **agua** (son las partículas más pequeñas del agua). Al acumularse en una partícula de polvo, forman racimos o gotitas de **diferentes** tamaños.

Al iluminarse la nube por **los** rayos solares, los racimos más pequeños dispersan el azul, debido a que absorben los otros colores de la luz emitida **por** el Sol, los racimos ligeramente más grandes dispersan el **verde** y los racimos aún más voluminosos dispersan el rojo. **El** resultado en conjunto es una nube blanca.

Si las gotas son más grandes, éstas absorben más luz; en consecuencia, las nubes se ven **más** oscuras. Si quieres saber qué sucede si aumenta más el **tamaño** de las gotas en la nube, coloca en los espacios en blanco **las** letras que aparecen una vez que ordenes en forma ascendente el número de puntos de las fichas de dominó.

En estas condiciones ________________________

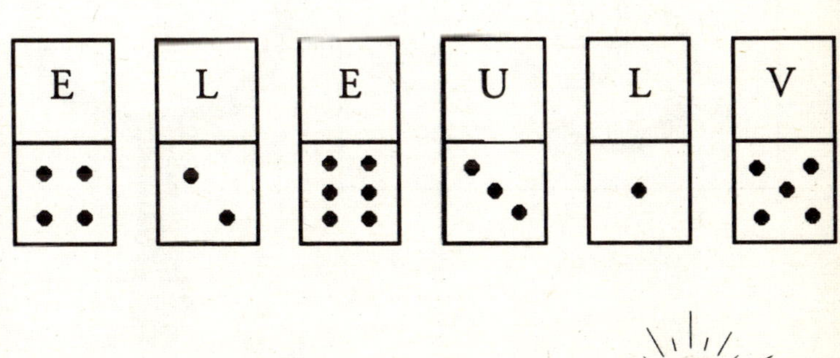

¿Puedes ver tu espejo?

Quizá tu respuesta a esta pregunta sea sí. Es cierto que ves su marco, sus bordes y los objetos que se reflejan en él, pero no puedes verlo.

Un espejo que sea de buena calidad y limpio es invisible, ya que al reflejar todo lo que está frente a él lo hace invisible, pues podemos estar en un lugar donde no veamos nuestra imagen reflejada en el espejo y no percatarnos de su existencia, y sólo vemos los objetos que reflejan.

En sitios pequeños se coloca un espejo cubriendo uno de sus muros para dar la impresión a los que ingresan de que dicho lugar es grande.

Si quieres saber en qué condiciones tu espejo se puede ver, coloca en los espacios en blanco la letra de acuerdo con la clave dada.

Un espejo se puede mirar si su superficie reflectora está ☐ ☐ ☐ ☐ ☐
      5 4 3 2 1

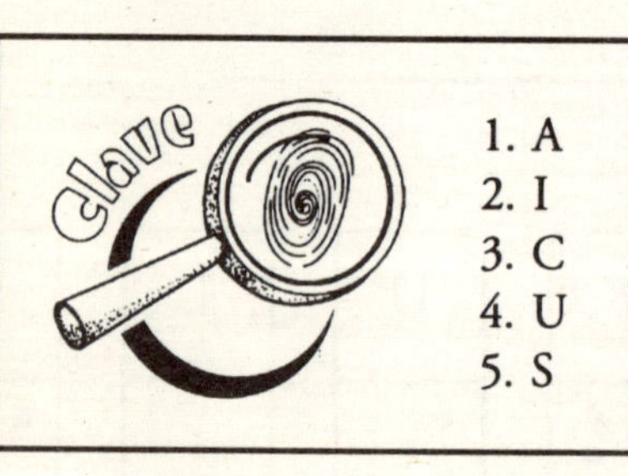

La refracción
y algo más...

¿Una moneda que aparece?

En esta actividad podrás verificar que los objetos **no** siempre están donde uno los ve.

Qué necesitas
- Una taza
- Una moneda
- Agua
- Un vaso

Qué hacer
- Ubica la taza sobre una **mesa** cerca de su borde y coloca la moneda en el fondo.
- Observa la moneda y **retrocede** lentamente hasta que ya no la veas (figura A).

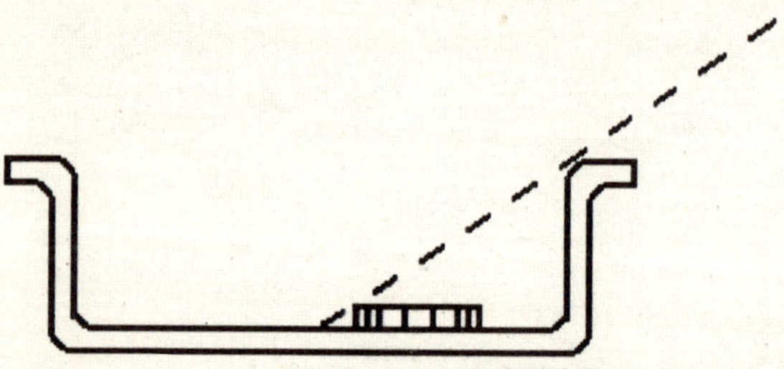

Figura A. Retrocede hasta que la moneda deje de verse.

- Quédate en ese lugar y pídele a un amigo que con el vaso vierta lentamente agua en la **taza**, ¿qué observas?

Qué sucedió

Al retirarte dejó de verse **la moneda**. Sin embargo, al agregarle agua a la taza, la moneda vuelve a mirarse (figura B).

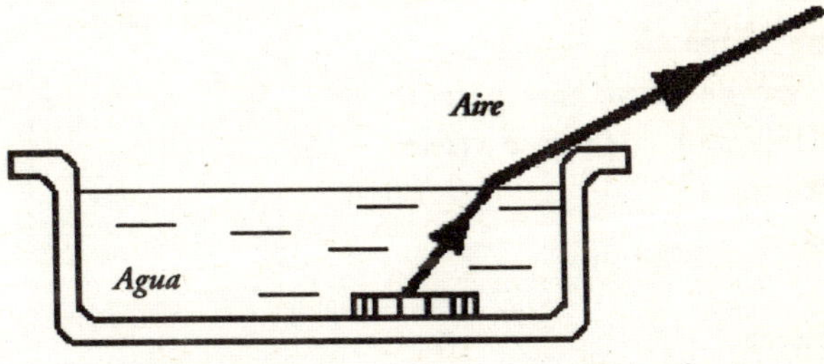

Figura B. Debido a la refracción, la moneda se ve.

Esto se debe a que la luz **reflejada** por la moneda, al pasar del agua al aire, se refracta, es **decir**, cambia su dirección, la cual en este caso llegó a tus ojos, por ello pudiste ver la moneda.

En esta ocasión lo que tú **miras** es la moneda en una posición diferente a la que ocupa realmente.

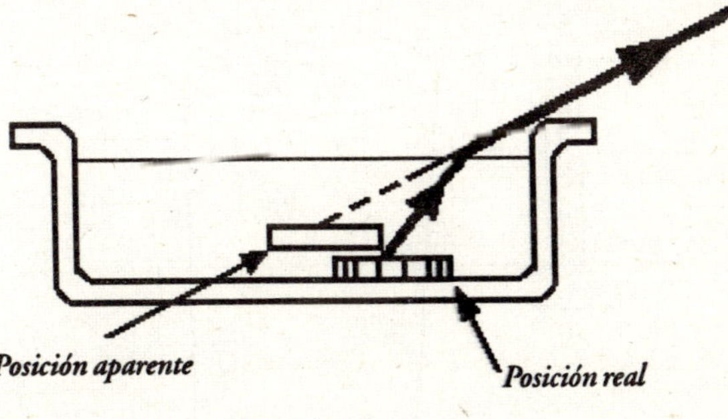

Figura C. La moneda la vemos en un lugar en donde no se encuentra.

¿En dónde está el lápiz?

En esta lección verificarás que no es lo mismo ver los objetos con un ojo que con dos y que la posición de un objeto cambia según qué ojo es el que lo ve.

Qué necesitas
- Un vaso de vidrio transparente
- Un lápiz de color rojo o verde
- Plastilina
- Agua

Qué hacer
- Coloca el vaso sobre la mesa y llénalo con agua.
- Con ayuda de la plastilina pon el lápiz verticalmente detrás del vaso, a una distancia de 15 cm, como se ilustra en la figura.
- Con tus ojos abiertos mira directamente el lápiz.
- Ahora, ve el lápiz con tus ojos a través del vaso, ¿cuántos lápices observas?

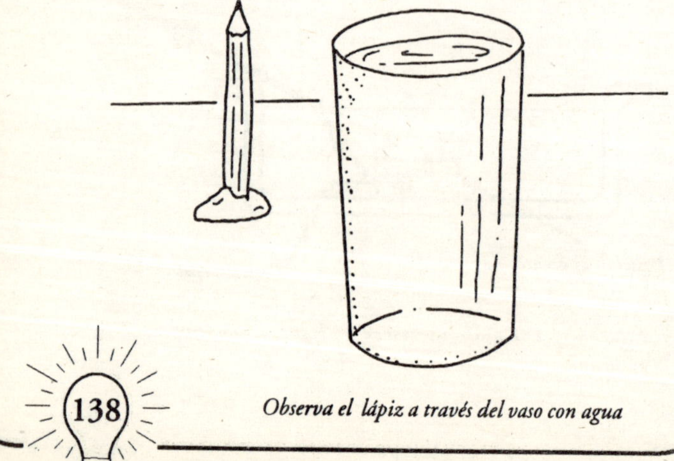

Observa el lápiz a través del vaso con agua

- Cierra tu ojo derecho, manteniendo abierto el izquierdo, ¿qué miras?

Ahora cierra tu ojo derecho, con el izquierdo abierto, ¿qué observas?

Qué sucedió

Si miras directamente el lápiz con tus ojos abiertos, sólo ves el lápiz, pero cuando lo observas a través del vaso con agua hay dos lápices. Cuando cierras el ojo de la derecha, la imagen del lápiz de la izquierda desaparecerá.

El hecho de que aparezcan dos imágenes al observar a través del vaso se debe a que el agua junto con el vaso actúan como una lente; como cada ojo mira a través de ella desde un ángulo diferente, y debido al cambio de dirección de la luz reflejada por el lápiz, se aprecian dos lápices con ambos ojos abiertos y con un ojo abierto sólo se ve una imagen.

El hecho de que los ojos vean desde una posición ligeramente diferente nos permite mirar los objetos en tres dimensiones.

¿Una gota es una lente de aumento?

En esta actividad reconocerás que una gota de agua es capaz de aumentar la imagen de un objeto.

Qué necesitas

- Una cinta adhesiva transparente
- Un popote
- Agua
- Unas tijeras
- Un libro
- Una regla

Qué hacer

- Corta un segmento del **popote** de un centímetro de longitud.
- También corta un pedazo **de** la cinta adhesiva y coloca en la parte del pegamento un **extremo** del pedacito del popote, como se ilustra en la figura A.

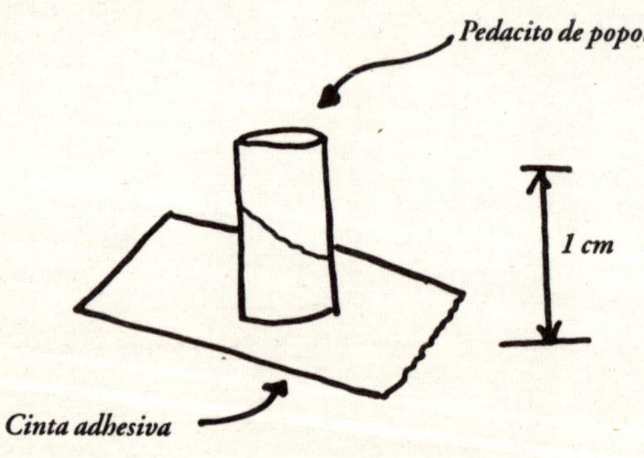

Figura A. Pon el pedacito de popote sobre la cinta adhesiva para que quede bien pegado.

- Coloca la cinta adhesiva junto con el pedacito de popote sobre una letra de una de las páginas del libro (figura B).
- En estas condiciones, con la ayuda del popote, llena con agua el pedacito de popote, hasta que se forme un menisco que sobresalga.

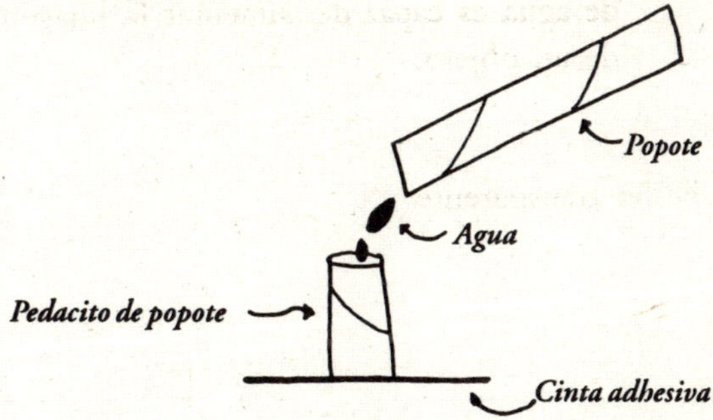

Figura B. Coloca el dispositivo que armaste encima de la página, pero sin tocarla.

- Ubica tu mirada encima del menisco de agua cuando esté una letra debajo de la cinta (figura C) y desplaza este dispositivo hacia arriba o hacia abajo, hasta que quede enfocada la letra, ¿se ve mayor o menor?

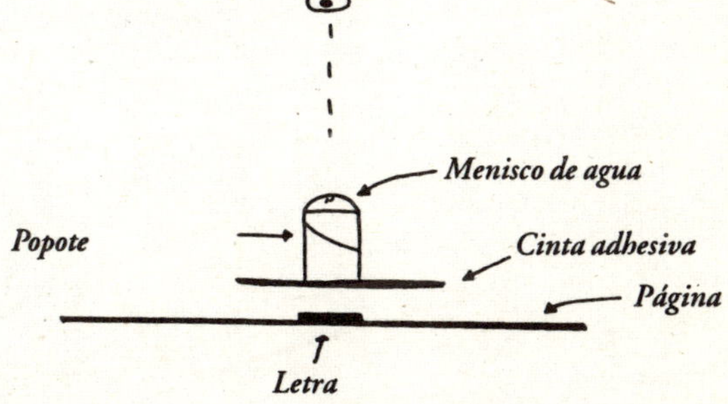

Figura C. Si el menisco está como se muestra, se aumentará la imagen de la letra y objetos.

Qué sucedió

Al observar la letra con el pedacito de popote lleno de agua, como se ilustra en la figura C, el agua en estas condiciones se convierte en una lente (conocida como lente convergente) que amplifica la imagen de la letra.

¿Cómo construir una cámara oscura?

En esta actividad aprenderás a construir una cámara oscura.

Qué necesitas

- Una caja de zapatos vacía
- Pintura acrílica negra
- Una brocha
- Tijeras
- Un alfiler
- Cinta adhesiva
- Cartulina negra
- Una toalla o un trapo de color oscuro
- Papel para calcar o papel de china blanco

Qué hacer

- Pinta de negro el interior de la caja.
- Quita con ayuda de las tijeras un costado de la caja como se muestra en la figura A.

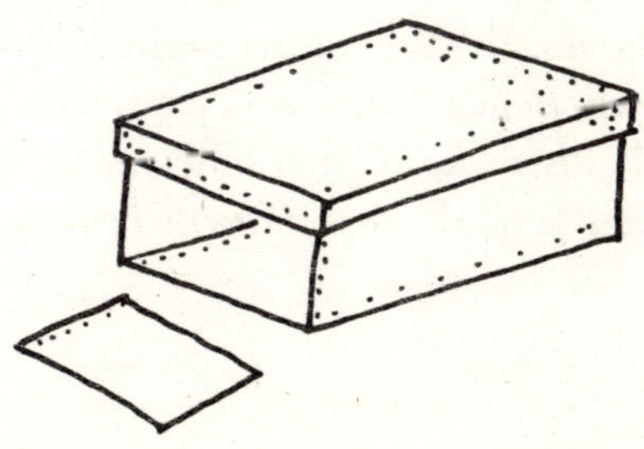

Figura A. Quitar un costado de la caja.

- Cubre el costado destapado de la caja con el papel para calcar y pégalo con la cinta adhesiva.
- Recorta un cuadrado pequeño del costado contrario a donde pusiste la calca y tápala con la cartulina negra, la cual deberás pegar como se muestra en la figura B.

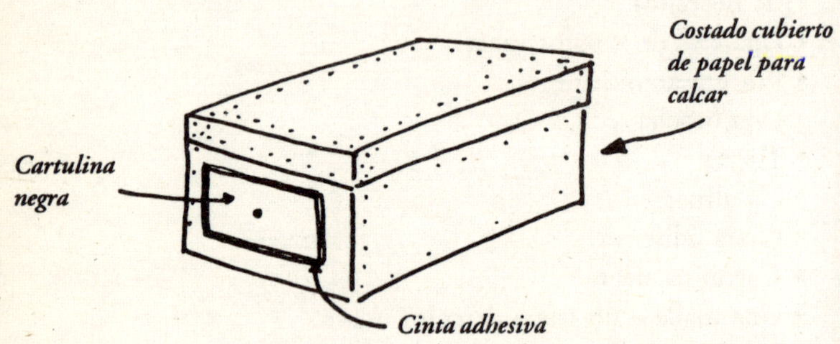

Figura B. Con el alfiler haz un orificio en la cartulina negra.

- Emplea el alfiler para hacer un pequeño orificio en el centro de la cartulina negra.
- Cubre con la toalla tu cabeza y el extremo de la caja que tiene el papel para calcar.
- En estas condiciones, dirige tu cámara oscura hacia una ventana o una lámpara encendida y observa el papel para calcar, desde unos 14 cm de distancia. ¿Cómo observas la lámpara, o la ventana, o el paisaje que se ve a través de la ventana?

Qué sucedió

Al apuntar la cámara oscura hacia la lámpara o la ventana, éstas se observan invertidas. El que se vean de esta manera se debe a que la luz al viajar en línea recta y pasar por el orificio, provoca que la parte superior de la lámpara se observe en la parte inferior de nuestra "pantalla" como se ilustra en la figura C. Las cámaras fotográficas más simples funcionan como la cámara oscura.

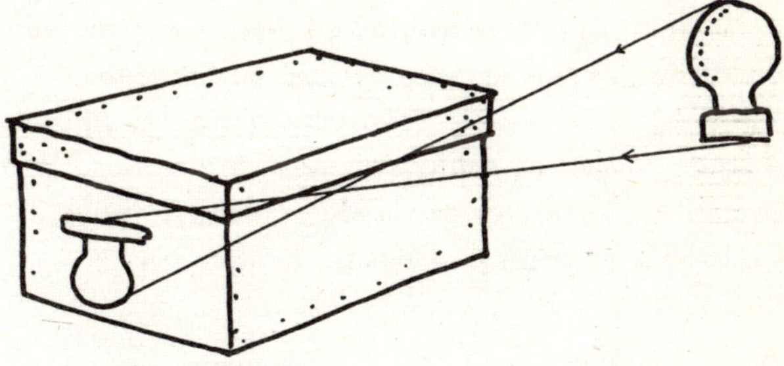

Figura C. Las imágenes en la cámara oscura aparecen invertidas.

¿Qué es una fibra óptica?

Una fibra óptica es un filamento delgado, flexible y largo hecho de una sustancia transparente como el vidrio, que puede ser utilizado para transmitir luz y puede ser 10 veces más delgado que el cabello humano. La luz que entra por un extremo se transmite a su otro extremo mediante múltiples reflexiones en su interior. Con ellas la luz puede ser conducida por trayectorias curvas y llegar a lugares de otra manera inaccesibles. Por esta razón, las fibras ópticas se utilizan en medicina, para poder ver el interior de diversos órganos del cuerpo humano.

También, se están utilizando para transmitir información en forma de imágenes y sonidos en lugar de alambres eléctricos.

Una fibra óptica es capaz de transmitir unas 20,000 conversaciones telefónicas al mismo tiempo.

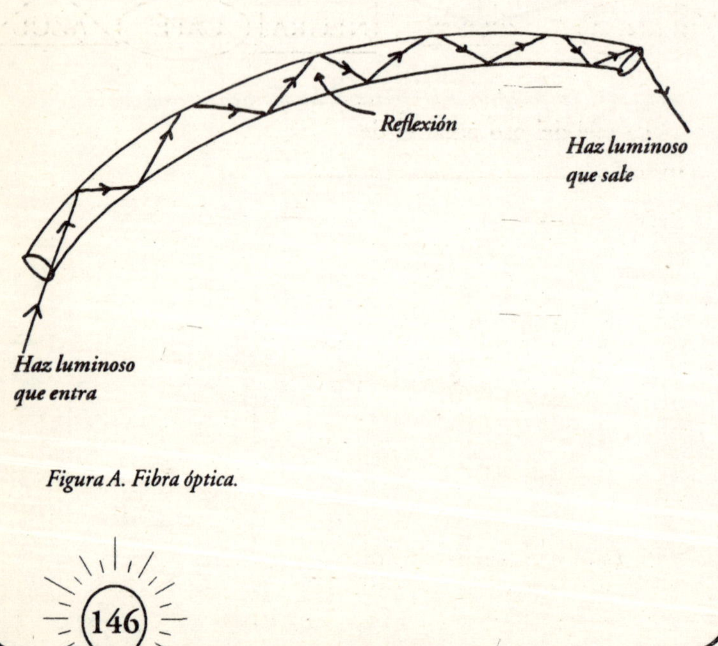

Figura A. Fibra óptica.

¿El oso polar con fibras ópticas?

Seguramente has visto un oso polar y sabes que son blancos, pero, lo que no sabes es que sus pelos son en realidad fibras ópticas transparentes que se encargan de dirigir la luz ultravioleta del exterior a su piel

El pelaje de oso blanco parece blanco porque la luz visible se refleja desde las superficie rugosa interna de cada pelo hueco.

Al igual que la luz dentro de una fibra óptica, la energía radiante se conduce a través de los pelos a la piel del oso. La piel es muy eficiente para absorber toda la energía solar que le llegue, manteniéndose así calientito.

Si quieres saber cual es el color de la piel del oso, identifica la figura que no se repite y el color que le corresponde escríbelo en el espacio en blanco.

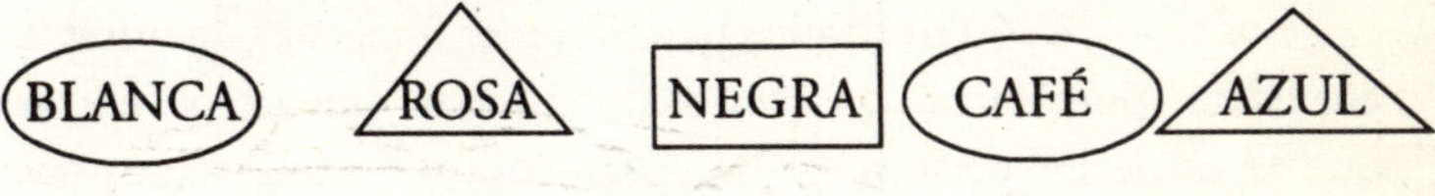

La piel del oso polar es de color________________________.

Figura A. El color de la piel del oso polar y su pelaje le permiten calentarse bajo la acción del sol.

¿Ver el interior del cuerpo humano?

A lo largo de la historia el ser humano siempre ha estado interesado en ver cómo es y cómo funciona el interior de su cuerpo.

Sin embargo, sabemos que la luz blanca no permite ver el interior de nuestro cuerpo.

Pero, a finales del siglo XX se descubrieron nuevas radiaciones, las cuales recibieron el nombre de rayos X. Estas radiaciones son del mismo origen que la luz o las ondas de radio, sólo que no son visibles a nuestros ojos.

Los rayos X son más penetrantes que los rayos luminosos, pues tienen la propiedad de atravesar la mayor parte de los materiales que normalmente son opacos a las radiaciones a las cuales el ojo es sensible.

Los rayos X son utilizados para obtener imágenes de nuestro esqueleto, pues éstos son absorbidos por los huesos, mientras que la carne les permite pasar obteniéndose lo que se conoce como radiografía o sea una especie de fotografía de los rayos X (figura A).

Figura A. Radiografía.

Si quieres conocer, el nombre del científico alemán que en 1895 descubrió de manera accidental a los rayos X, coloca en las casillas en blanco las letras que se relacionan con ellas mediante líneas.

Los rayos X fueron descubiertos por:

¿Una computadora óptica?

Las computadoras iniciaron su existencia como máquinas sumadoras en el siglo XIX. Pero debido a su desarrollo, actualmente son mucho más que eso: controlan robots, naves espaciales, satélites, procesos industriales, etcétera. Su memoria almacena una cantidad increíble de información, y es posible programarlas para que "piensen".

Las computadoras que actualmente se emplean son electrónicas y que tanto nos maravillan, dentro de poco quedarán obsoletas. La computadora del futuro empleará pulsos luminosos en lugar de pulsos eléctricos, fibras ópticas en lugar de conductores metálicos, etcétera.

La gran ventaja que tendrán las computadoras ópticas sobre las electrónicas será su velocidad. Si quieres conocer a qué velocidad puede viajar la información en las fibras ópticas, encuentra la salida del laberinto.

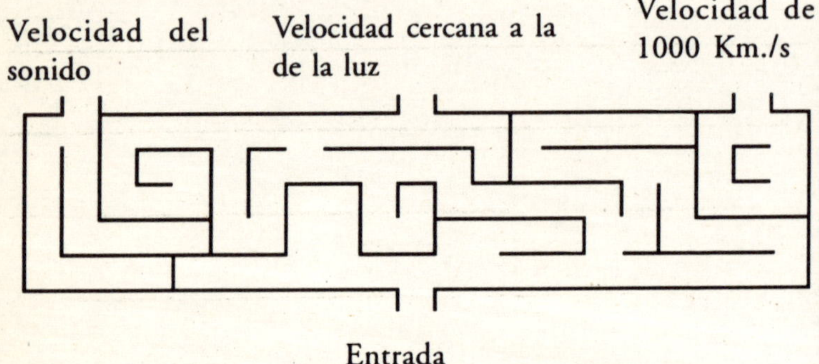

En las computadoras ópticas la información viajará a una velocidad de _______________.

NOTAS

COLECCIÓN CIENCIA PARA NIÑOS

COLECCIONES

Belleza
Negocios
Superación personal
Salud
Familia
Literatura infantil
Literatura juvenil
Ciencia para niños
Con los pelos de punta
Pequeños valientes
¡Que la fuerza te acompañe!
Juegos y acertijos
Manualidades
Cultural
Medicina alternativa
Clásicos para niños
Computación
Didáctica
New Age
Esoterismo
Historia para niños
Humorismo
Interés general
Compendios de bolsillo
Cocina
Inspiracional
Ajedrez
Pokémon
B. Traven
Disney pasatiempos

ESTA EDICIÓN SE TERMINÓ DE IMPRIMIR EN LITOGRÁFICA PIRÁMIDE S.A DE C.V.
VIDAL ALCOCER #56, COL. CENTRO C.P. 06020 MÉXICO D.F. TELS: 5704 3827 • 5704 6175

SU OPINIÓN CUENTA

Nombre ....

Dirección ....

Calle y número ....

Teléfono ....

Correo electrónico ....

Colonia .... **Delegación** ....

C.P .... **Ciudad/Municipio** ....

Estado .... **País** ....

Ocupación .... **Edad** ....

Lugar de compra ....

Temas de interés:

- ☐ *Negocios*
- ☐ *Superación personal*
- ☐ *Motivación*
- ☐ *New Age*
- ☐ *Esoterismo*
- ☐ *Salud*
- ☐ *Belleza*
- ☐ *Familia*
- ☐ *Psicología infantil*
- ☐ *Pareja*
- ☐ *Cocina*
- ☐ *Literatura infantil*
- ☐ *Literatura juvenil*
- ☐ *Cuento*
- ☐ *Novela*
- ☐ *Ciencia para niños*
- ☐ *Didáctica*
- ☐ *Juegos y acertijos*
- ☐ *Manualidades*
- ☐ *Humorismo*
- ☐ *Interés general*
- ☐ *Otros*

¿Cómo se enteró de la existencia del libro?

- ☐ *Punto de venta*
- ☐ *Recomendación*
- ☐ *Periódico*
- ☐ *Revista*
- ☐ *Radio*
- ☐ *Televisión*

Otros ....

Sugerencias ....

Si quieres experimentar... en casa puedes empezar/ con luz